健康事典

洪明照　李健荣　祭政剑◎著

卤肉 炖菜

Chinese & Japanese & Western braised food So easy

超简单

江苏美术出版社

CONTENTS

PART 2 西式家常卤肉炖菜
WESTERN-STYLE

我爱卤肉炖菜

印象中，妈妈总爱在我食欲不佳的时候，弄出一锅什么都有的卤肉炖菜。

　　而且光闻到酱油与冰糖调合出来的香甜气味，就让我开始觉得肚子饿了。

　　这一锅可真的是放了不少好料呢！有豆干有海带和油豆腐，还有永远都少不了的卤蛋和我最爱吃的五花肉，再添碗白饭淋上卤汁，就算再怎么没食欲，我也总能稀哩呼噜地将饭一口一口扒完。有时为了增添营养，还会在里头加入红白萝卜或者香菇，这些最能吸取酱汁味道的食材，是我的最爱。

　　炖菜很简单，酱油、冰糖、八角总是免不了，提香的材料葱姜蒜有时也会加入一些，但是这一锅却能越卤越香，卤汁也越来越浓稠，常常都得吃上一个星期才能解决完毕，就算如此，它还是打开了我的味蕾，让我饱餐好几顿呢！

炖卤的好吃秘诀

　　制作炖卤菜只要事先将食材处理好之后，再一一放入锅中慢炖，虽然炖煮的时间会比炒菜的时间久一些，但是却能一锅吃到饱呢！加上还有越炖食材越入味的特性，就算一餐吃不完，隔餐加热后一样是美味无穷，但是要怎样才能炖卤出好吃的料理呢？若熟记以下的料理秘诀，你也能轻松做出一锅香气四溢、让人食指大动的炖卤菜。

Point 1 　挑选适合的食材

　　所谓的卤肉炖菜，是指需要长时间以火侯来慢炖，让卤汁能充分把食材炖煮到入味的地步，因此，在食材的选购上就需要以适合久炖且不易软烂变形的为主。

肉 类

选购带有适当油脂的肉品。因为带有油脂的肉块有润滑口感的作用，故炖卤之后吃起来才不会太过干涩，所以通常都会选择肥瘦均匀的五花肉，挑选的时候以2：3的肥瘦比例最好，既有油脂提供吃时的好口感，又不致让整锅炖卤菜过于油腻。若想偶尔变换一下口味的话，带有骨头的小排、腩排甚至猪脚都是不错的选择。但若选用肉片来制作时（常使用在西式的炖卤菜料理中），则尽量避免炖卤过久。

蔬 菜 类

以根茎类或瓜类等耐煮且不易变色的蔬菜为卤肉炖菜的最佳食材，例如，胡萝卜、白萝卜、马铃薯、芋头、荸荠、山药、竹笋、南瓜等都是耐久煮且不易变色的蔬菜，而菇类也属于耐久煮且易吸收汤汁的食材，例如，香菇、杏鲍菇、金针菇等。至于其他的蔬菜则以圆白菜、大白菜最能显现出卤肉炖菜久煮的风味了，但是像空心菜之类的绿色叶菜，因久煮后容易变色，就不适合作为卤肉炖菜的食材了，若想要在料理上多份绿色来增加配色的话，可在炖卤完成后，再放入绿色蔬菜作为盘饰。

海 鲜 类

通常利用海鲜作为炖卤的食材较为少见，一来因为海鲜一经过久煮之后，其口感会变得较硬涩，二来也会因久煮而使得海鲜本体松散开来，反而不利于食用，因此，如果想要选用海鲜作为炖卤食材就要慎选材料，例如，鱿鱼、鲑鱼头、贝类等，或者选用海鲜干货来使用，如干鱿鱼，因为炖卤过后不会让食材松散开来，口感也不会改变太多，所以比较适合选用。另外，利用海鲜食材来炖卤时，也要避免选择制作用时很久的炖卤菜色，尽量以短时间（约20分钟内）就能制作完成的炖卤菜色为佳，通常较常运用在制作日式和西式的菜色中，例如，马赛海鲜炖煮、北海道海鲜炖菜等料理。

这些也是制作卤肉炖菜的**最佳食材**哦!

▲百叶豆腐

▲花 生

▲豆 干

▲海 带

▲鸡 蛋

▲米血糕

▲油豆腐

▲兰花干

▲笋 丝

Point 2 食材的前处理

在开始动手做卤肉炖菜之前，若稍加注意食材的处理手法，就能让这一锅炖卤菜有加分效果哦！

肉类先汆烫去杂质血水

汆烫过后的肉不仅较没有腥味，也能避免在炖卤过程中跑出杂质浮沫，且会让肉的表面快速收紧，增加肉的紧实度，并把肉汁锁住。而用滚水汆烫后的肉一定要记得放入冷水中降温或用冷水冲洗，这样卤肉的时候不仅口感会更嫩、更有弹性，味道也会更多汁美味。另外，不论是以中式或西式的方式来炖卤的猪脚，虽然买回来时肉贩已经先处理过了，但自己还是要再将角质用刀面轻轻刮除后，洗干净了再做为佳。

食材的大小和切法

如果食材中有叶片类蔬菜的话，就尽量保持完整的叶片形状(如圆白菜、白菜)，这样炖卤后才不会因为蔬菜的收缩而变得口感不佳，另外像根茎类蔬菜(如萝卜、土豆)或者菇类(如杏鲍菇)，最好也能配合其他食材一起切成同样的大小(常见的切法是切成滚刀块)，总言而之，要尽量将食材的大小都切成一致，这样不仅较易入味，吃的时候也会较易入口。

中药材需先洗净后再使用

在炖卤菜中，有时也会用到中药材作为药材包，为了安全起见，最好将中药材洗干净后再放入锅中炖卤。也可以使用棉布袋将零散的中药材包成一袋，方便炖卤后可以轻易捞除。

干货配料需事前浸泡

干香菇、干鱿鱼、虾米等常见的干货配料和豆类食材(如黄豆、花豆等)，都需要先浸泡后才能使用，所以可以事先于前一晚或者出门前泡入水中，想煮的时候就可以直接使用了，如此可省下许多烹煮的时间。

Point 3　火候的控制

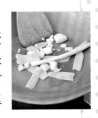

　　炖卤菜的食材大多以肉类为主，并且可以先将肉炒过或炸过，让肉中的蛋白质凝结，把肉汁封锁住。而肉块如果以大火持续熬煮，就会使肉中的水分快速蒸发不见了，最后肉质就会变得很干硬难吃，因此，炖卤时必须先将爆香材料炒出香味后，再用小火慢慢炖卤，让肉块和其他食材能吸收到卤汁，才能达到入味的效果。

炖卤时要不要**盖锅盖**呢?

　　炖卤时盖不盖锅盖都可以，只是盖上锅盖的话，炖卤的时间可以缩短，风味也较容易保存住，也可以避免卤汁的水分流失过快，尤其是西式的炖卤菜，大部分肉类都已经先用低筋面粉抓拌了，所以卤汁多少会呈现黏稠状态，更要注意水分流失的状态，要不断适时添加少许水量来维持炖卤，才不会让你的炖卤菜变成烧焦菜哦!

Point 4　卤汁再利用美味大提升

　　炖卤的食材如果已经吃完了，却仍有剩下的卤汁时，可别将它丢弃了，因为卤汁中已经带有胶质的成分，味道也相当浓缩甘美，所以此时可以再放入新的食材进来，然后再考虑味道的浓淡度后，酌量放入调味料和水，马上又是一锅美味大提升的炖卤菜了。

Point 5　卤汁黏稠香滑的关键点在于胶质

　　一锅好吃的炖卤菜，在食材项目中最好能有一些是带有适量胶质的食材，例如，带皮五花肉，这是因为肉中的胶质会随着长时间的炖卤而释放出来，刚好这些胶质正是让卤汁黏稠香滑的秘密武器，但如果家中有人不喜欢吃猪皮的话，建议可以先将猪皮取下来，再和肉一起放入炖卤，待炖卤完成后捞除就可以了。

Point 6　调味的比例

　　在中式口味的炖卤菜中，最常使用到酱油，其使用的比例约为1∶5(酱油∶水)，但市售酱油种类繁多且咸淡不一，因此仍须依个人口味来调整搭配比例。另外，在药材的添加上不可放太多，以免吃不出食物的原味。而在西式口味的炖卤菜的调味上，若单单只放入盐来调味的话，其比例是1∶150(盐∶水分)，若单单只放入鸡粉的话，其比例是（3～5）∶150（鸡粉∶水分），若同时想要放入盐和鸡粉调味的话，最好能以1∶2(盐∶鸡粉)的比例来分配。

Chinese-Style

Jpanese-Style

Western-Style

爆香材料中日西式大不同

要制作卤肉炖菜时，一定会用到爆香材料先将香气炒出来，之后再将其他材料依序慢慢放入，因此制作中式炖卤菜和日式、西式炖卤菜，所用到的爆香材料也截然不同。

中式炖卤菜的爆香材料是葱、姜、蒜，虽然这3种材料不一定得要一起爆香，但基本上蒜是必要的爆香材料，在做法上通常是以整颗的蒜略微拍碎后再放入锅中爆香，此时葱（切成段）或姜（切成片）也可以连同一起下锅爆香，这样就会散发出浓浓的中式料理的味道了。

而西式炖卤菜使用的爆香材料则是洋葱，在做法上大多以切块或切碎来爆香，有时也会用蒜一起爆香，但基本上仍以洋葱作为爆香材料居多，至于日式炖卤菜也是同西式的做法，大多以洋葱为主要的爆香材料。

所以在料理时，只要多加留意爆香材料的选择使用，就能做出地道风味的中式或西式、日式的炖卤菜了哦!

保存与加热的技巧

卤肉炖菜若没有食用完，可以将它再次煮沸后静置放凉，放入冰箱冷藏(约可保存3天)，再次加热的时候，可以使用微波炉加热，或者放入电锅蒸热，或者以隔水加热的方式来处理，这样水分不易流失掉。但如果想要放入锅中在天然气灶上加热的话，则必须再加入少许的水，以避免加热过程中水分流失掉，而不小心烧焦了。

用什么锅具来制作卤肉炖菜呢?

基本上炖卤菜不像卤味般只会捞取食材来食用，它是可连同卤汁一起食用的，所以卤汁的分量也不需要过多，通常以能淹盖过食材的水量即可，因此，只要是略带点深度的锅具都可以拿来制作炖卤菜，例如，略带深度的炒锅、小汤锅甚至小砂锅或电锅等皆可，如果家中有同时兼具炒、煮功能的锅具，做起来会更为省力方便。但也需要注意锅的厚薄程度，使用较薄的锅来做时，就要常常去注意炖卤的状态，并且在煮的过程中随时不断地去翻动食材，才不会一不小心就将锅底煮到烧焦了。

PART 1

中日
家常卤肉炖菜
CHINESE-STYLE
JAPANESE-STYLE

中式卤肉炖菜的调味料

炖卤菜除了食材必须先爆香炒过处理之外，调味料的选择也很重要。

制作中式口味的炖卤菜，最基本且必备的调味料就是酱油、米酒和冰糖，如果再加入不同的调味料一起做成卤汁，不仅在口味上可多一些变化，也会增加味觉的层次感。

3大必备调味料

酱油

是中式卤肉炖菜主要的调味料之一，是咸度、色泽的主要来源，挑选上建议以玻璃瓶装、纯手工酿造的酱油为佳，不仅豆香味足，也具有越炖香味越沉的效果，并且在料理完成后，能将颜色附着在食材上面，记得开封后要放冰箱保存。

米酒

具有将食材去腥提味的功能，也能让卤汁呈现出酒香气。当然米酒也可以更换成绍兴酒、红露酒等，做出不同酒味的料理。

糖

糖能调整中和酱油的咸味，让菜肴更顺口，还有香气更为提升。选用冰糖除了它的甜味温和，不会抢过食材的原味外，更可让炖卤的菜色呈现出较佳的亮泽色彩，若更换成细砂糖也是可以的。

▶酱油膏

加入不同的**调味料**就能变换口味！

加入不同的调味料，就能让炖卤菜呈现出不同的味道，例如，酱油膏、醋、蚝油、沙茶酱、辣椒酱、咖喱块、甜面酱、番茄酱等调味料。

◀蚝油

▲卤包

加入**市售卤包**也能变换口味！

市售卤包因为已经将中药材依照比例调配好，因此只要放入锅中和其他材料一起炖卤即可，善用市售卤包也能让你的炖卤菜变换出不同的味道。

▲番茄酱

可增添**香气**或**辣度**的材料！

有些人喜欢在菜中有些许的香气或辣度的口感，因此也可以再加入如八角、胡椒粒、白胡椒粉、月桂叶（香叶）、花椒粒、干辣椒等材料，让炖卤菜的辣度或香气更为提升。

灵魂酱料——酱油的挑选

好的酱油味道能让中式口味的炖卤菜风味尽出，越炖卤香气越浓郁。

不管在中式或日式口味的炖卤菜中，大部分都会用到酱油作为调味料，只是日式的炖卤菜会选择日式酱油来制作，但是中式炖卤菜对于酱油的选择使用则是相当的谨慎小心，因为选对一瓶好的酱油就等于已经做好一半的卤肉炖菜了。

一般而言，市售的酱油大致上分为三种，一种为化学酱油，一种为手工酿造酱油，另一种则是混合式酱油。而最适合中式炖卤的则是手工酿造酱油，所谓的手工酿造酱油，是指以黑豆或黄豆等天然食材作为材料，再利用曲菌来慢慢发酵，并且借着盐分来达到防腐的效果，由于都是使用天然的材料来让它慢慢发酵，因此制作的时间会较长，相对香味也较浓、醇厚，口感甘醇却不会死咸。而化学酱油指的就是把食材先以盐酸分解后，再加入一些化学添加剂调味，因此制作的时间就会快上许多，相对香味自然不及手工酿造酱油的浓、醇厚了，且口感较咸。至于混合式酱油则是以上两者的结合，依照比例调配出来的酱油。

手工酿造酱油因为没有添加人工速效剂，仅能依靠其慢慢酿造而成，所以是没办法利用机器来代替的，就因如此，它的价位一定比其他酱油高一些，但是需要慢慢炖卤的料理，就需要搭配这样的酱油才能显现出它的风味，香味也才能尽释而出，才不会越炖香味越淡薄，而能散发出浓郁香气的炖卤菜，才是勾引人味蕾的关键。

另外，手工酿造酱油在保存上需要特别注意，不能将酱油直接暴晒，也不能将水滴入酱油中，而市面上也有贩卖一种薄盐手工酱油，因为将盐分降低了，所以开瓶后必须放在10℃的冰箱中冷藏保存。

目前市售的手工酿造酱油有黑豆酱油和黄豆酱油。黑豆酱油发酵后呈现的是深色的琥珀色且易透光，其口感较沉、香气也较为浓郁，而黄豆酱油发酵后呈现的是深褐色，同样也具有透光性。

分辨 化学酱油 手工酿造酱油

购买时要如何分辨化学酱油和手工酿造酱油呢？除了价钱的差别之外，你也可以利用下面的小方法来分辨哦！

方法1：看颜色

化学酱油的颜色较黑，而手工酿造酱油颜色皆为深色。

方法2：透光性

化学酱油没有透光性，手工酿造酱油颜色具有透光性。

方法3：摇一摇看泡沫

摇动未开瓶的酱油后，如果产生的泡沫不易消失就是化学酱油，反之，在半小时内会慢慢消失泡沫的就是手工酿造酱油。

 处理前
 处理后

Preparation❋前准备

猪脚→用刀面轻轻刮去角质后，洗净。
姜→洗净去皮，切成片状。
葱→洗净后，切长段拍松。
蒜→拍裂。

Ingredient❋材料

猪脚块 600 克
八角 2 粒
姜 20 克
葱 1 根
蒜 3 粒
茶梅 8 粒

Seasoning❋调味料

酱油 80 毫升
酱油膏 3 大匙
米酒 3 大匙
冰糖 1 大匙
水 1000 毫升

Decoration❋装饰材料

葱丝 少许

Cooking Method❋做法

❶ 猪脚块放入滚水中汆烫以去除血水，取出冲冷水，洗净备用。

❷ 取锅加入 2 大匙油（分量外），再放入蒜、姜片、葱段以中小火爆香。

❸ 再续放入猪脚块略拌炒。

❹ 放入酱油、酱油膏、米酒略煮。

❺ 再放入冰糖、八角、茶梅、水煮滚后，移至深锅中。
 ❺-1
 ❺-2

❻ 转小火，并盖上锅盖炖卤约 90 分钟即可。装盘时可装饰葱丝。
❻-1

❻-2

炖卤美味

○ 猪脚本身较为油腻，加入少许的茶梅可以借由茶梅的酸甜，来降低它的油腻感。

茶梅冰糖卤猪脚

分量 /
4~6人份

处理前

处理后

Preparation✽前准备

猪五花肉→洗净后，切成约 2~3 厘米的块状。
笋丝→洗净后泡入水中 3 小时（中途可多次换水），去除酸味。
姜→洗净去皮，切成片状。
葱→洗净后，切长段拍松。
蒜→拍裂。

Ingredient✽材料

猪五花肉 300 克
笋丝 150 克
福菜 20 克
八角 3 粒
姜 20 克
葱 1 根
蒜 2 粒

Seasoning✽调味料

酱油 80 毫升
酱油膏 3 大匙
米酒 3 大匙
冰糖 1 大匙
水 1200 毫升

分量/
4~6人份

笋丝梅干扣肉

Cooking Method✽做法

❶ 将笋丝放入水中煮沸后，再放入福菜一起氽烫约 2 分钟，捞起沥干水分，备用。

❷ 取锅加入 2 大匙油（分量外）后，放入猪五花肉以小火煸炒至出油。

❸ 再放入葱段、姜片、蒜以小火炒香。

❹ 再依序加入所有调味料和八角，以小火烧煮 30 分钟。

❺ 再放入笋丝、福菜续煮 15 分钟至笋丝入味，即可取出盛盘。

OK!

炖卤美味

○ 笋丝为腌渍产品，因此带有酸气，除了可用泡水的方式来冲淡其酸味，也可用流动的水冲洗，或者用氽烫的方式来去除酸味。

○ 市售的笋丝咸度不一，用前要试一下味道，再来烹煮调味。

 处理前 处理后

Preparation✽前准备

蹄花→用刀面轻轻刮去角质后，
洗净。
姜→洗净去皮，切成片状。
葱→洗净后，切长段拍松。
蒜→拍裂。

啤酒猪脚

Ingredient✽材料

蹄花 600 克
八角 3 粒
姜 20 克
葱 1 根
蒜 3 粒

Seasoning✽调味料

酱油 100 毫升
冰糖 2 大匙
啤酒 1 罐 (约 355 毫升)
水 500 毫升

Decoration✽装饰材料

烫熟的豌豆荚 3 个

分量 /
4~6 人份

Cooking Method✽做法

❶ 蹄花放入滚水中汆烫约 2 分钟，取出冲冷
水，洗净备用。

❷ 取锅加入 2 大匙油 (分量外) 后，放入葱
段、姜片、蒜以中小火爆香。

❸ 再放入蹄花、八角。

❹ 依序放入所有调味料以大火煮滚。

❺ 转小火，盖上锅盖炖煮约 90 分钟即可。

炖卤美味

○ 下调味料时，要先放入酱
油，让酱油能借由锅中的
热气先散发出香味后，再
接着放入其他调味料，这
样就能达到香气满溢的效
果了。

 处理前  处理后

Preparation＊前准备

猪五花肉→洗净后切成约 2~3 厘米的块状。
甘蔗→去皮洗净后，切段。
葱→洗净后切长段，拍松。
姜→洗净后去皮，切成片状。
蒜→拍裂。
干香菇→泡入水中至软后，取出切块。
红辣椒→去蒂头和籽后，切菱形片状。

Ingredient＊材料

猪五花肉 300 克
甘蔗 150 克
葱 1 根
姜 20 克
蒜 3 粒
八角 3 粒
干香菇 2 朵
红辣椒 1 个

Marinade＊腌料

酱油 1 大匙
米酒 1 大匙
白胡椒粉 1/4 小匙

Seasoning＊调味料

酱油 80 毫升
酱油膏 2 大匙
白胡椒粉 1/4 小匙
米酒 2 大匙
水 1000 毫升

Cooking Method＊做法

❶ 猪五花肉切块以腌料抓拌均匀。

❷ 取油锅加热至油温 160℃，放入甘蔗油炸至变色后，捞起沥干油分，备用。

❸ 再将猪五花肉块放入做法 2 的油锅中油炸至呈金黄色后，捞起沥干油分，备用。

❹ 取锅，放入 2 大匙油（分量外）后，依序放入葱段、姜片、蒜以中小火爆香。

❺ 放入香菇炒至香味出来。

❻ 放入猪五花肉块、甘蔗段以中火拌炒均匀。

❼ 依序加入所有调味料和八角，煮至滚沸。

❽ 转小火炖卤约 60 分钟，起锅前加入红辣椒略煮即可。

OK!

甘蔗卤扣肉

分量 / 4~6人份

炖卤美味

○ 将甘蔗与肉类一同炖卤，可使卤汁中带有自然的甘甜香气，亦可减少调味料的使用。

○ 一般市售的甘蔗，香气较白甘蔗香，且甜度较低，较适合作为炖卤的食材。

处理前

处理后

Preparation＊前准备

大白菜→剥开成片状后洗净，切成约 3 厘米片状。

荸荠→用刀面压碎后略剁细再将水分挤干。

嫩姜→洗净去皮后，切成细末。

葱→洗净后，切成葱花，留部分切段。

蒜→切成细末。

Ingredient＊材料

猪绞肉 300 克
大白菜 1/2 棵
荸荠（马蹄）3 粒
嫩姜 10 克
葱 1 根
蒜 4 粒

Seasoning＊调味料

Ⓐ 盐 1 小匙
　 酱油 1 大匙
　 细砂糖 1 小匙
　 白胡椒粉 1/2 小匙
　 香油 1 小匙
　 米酒 1 大匙

Ⓑ 市售高汤罐 1/2 罐
　 （约 200 毫升）
　 水 150 毫升
　 蚝油 1 大匙
　 酱油 1 大匙

Cooking Method＊做法

❹ 取油锅加热至油温 170℃后，放入肉丸油炸至外表定型且呈金黄色后，捞起沥干油分，备用。

❺ 取锅放入少许油（分量外）后，放入葱段以小火爆香后，捞除。

❻ 再将大白菜放入做法 5 的锅中拌炒至软。

❼ 取出大白菜铺放在砂锅中，再放入做法 5 炸好的肉丸。

（做法图）

❶ 猪绞肉加入调味料 A 中的盐后，用手搅拌摔打至呈有黏性的状态。

❷ 加入剩余的调味料 A 及荸荠末、姜末、蒜末混拌均匀后，再加入葱花拌匀。

❸ 均分成 4 等份后，用手将其塑成圆球状，即为肉丸。

OK!

❽ 再放入所有调味料 B 以大火煮至滚沸，盖上锅盖，转小火续煮约 20 分钟至肉丸入味即可。

白菜狮子头

分量 / **4人份**

炖卤美味

○ 在绞肉的选用上，肥瘦比例以 3：7 较为适当，太肥或太瘦都会影响口感。

○ 绞肉在拌打时，只需先加盐，拌至肉有黏性后，再加入其他材料拌匀即可塑形。

处理前

处理后

Preparation＊前准备

猪脚→用刀面轻轻刮去角质后，洗净。

去皮花生→冲洗后，泡入水中2小时。

枸杞→洗净后泡入水中约10分钟，取出沥干水分。

姜→洗净去皮，切成菱形片状。

Ingredient＊材料

猪脚块 600 克
去皮花生 80 克
枸杞 3 克
姜 10 克
八角 3 粒
草果 2 颗

Seasoning＊调味料

Ⓐ 水 800 毫升
　米酒 200 毫升

Ⓑ 盐 2 小匙

分量／
4~6人份

花生炖猪脚

Cooking Method＊做法

❶ 花生放入滚水中煮约5分钟，取出沥干水分，备用。

❷ 猪脚块放入滚水中汆烫以去除血水，取出冲冷水，洗净备用。

❸ 取电锅内锅或汤锅，放入所有材料和调味料 A。

❹ 电锅外锅加入4杯水后，将内锅移入电锅中，按下开关键，待开关跳起；汤锅则大火煮滚，转小火续煮100分钟，加入盐调味即可。

炖卤美味

○ 此道菜富含胶质且花生有催乳的功用，为产后妇女相当适合的汤品。

○ 选用去皮花生，不仅会让菜肴的口感较佳，也不会因花生皮四处飘散在菜中而影响美感。

○ 调味料最后再加入，是为了避免猪脚久炖不烂。

 处理前  处理后

芋头→削皮洗净后，切成约
2 厘米的滚刀块。
姜→洗净后去皮，切成菱形
片状。
葱→洗净后，切成小段状。

芋头烧小排

分量/**4人份**

炖卤美味

○ 芋头先油炸过再烧煮，则烧煮时芋头不太会
松散化掉。

○ 芋头很适合与肉类一同烹煮，让芋头吸收了
肉的油脂，香气更佳，且不太油腻。

Ingredient✱材料　　Seasoning✱调味料

猪小排 300 克　　　酱油 3 大匙
芋头 1/3 个　　　　米酒 1 大匙
姜 20 克　　　　　冰糖 1 大匙
葱 1 根　　　　　　白胡椒粉 1/4 小匙
　　　　　　　　　水 240 毫升

Cooking Method✱做法

❶ 取油锅加热至油温 170℃，放入芋头块
油炸至呈金黄色，捞起沥干油分，备用。

❷ 再将排骨块放入做法 1 的油锅中，油
炸至呈金黄色，捞起沥干油分，备用。

❸ 取锅放入少许油（分量外），放入姜片、
葱白以中小火爆香。

❹ 再加入做法 2 的排骨块及所有调味料，
转小火烧煮 15 分钟。

❺ 再续加入做法 1 的芋头块。

❻ 继续烧煮约 5~10 分钟至芋头松软、卤
汁略收干，起锅前放入葱绿即可。

处理前　　　处理后

Preparation✽前准备

带皮猪五花肉→洗净后，切成约6厘米的大块状。
姜→洗净后去皮，切成片状。
葱→洗净后，切长段拍松。
蒜→拍裂。

Cooking Method✽做法

分量 / **4人份**

Ingredient✽材料

带皮猪五花肉600克
姜20克
八角3粒
葱1根
蒜3粒

Marinade✽腌料

酱油2大匙
米酒1大匙
白胡椒粉 少许

Seasoning✽调味料

酱油 200 毫升
绍兴酒 3 大匙
冰糖 2 大匙
水 1200 毫升

Other✽其他材料

草绳 6 根
香菜叶 少许

① 带皮猪五花肉用草绳以十字形的方式绑紧。

② 放入腌料中腌渍至上色。

③ 再放入滚水中汆烫至外观变色定型后，取出沥干水分。

④ 取汤锅，先将葱绿铺在锅底后，再放入猪五花肉，备用。

⑤ 取锅放入少许油 (分量外) 后，放入姜片、蒜、葱白以中小火爆香。

⑥ 再放入所有调味料、八角煮滚后，倒入做法 4 的汤锅中。

⑦ 再以小火煮约 1 小时使猪五花肉入味即可盛盘，并以香菜叶装饰。

OK!

东坡肉

炖卤美味

○ 若买不到草绳捆绑猪五花肉，可以用棉线来替代。

○ 猪五花肉在选用上，要肥瘦均匀，且尽量挑选中间的部位，长时间炖卤才不易碎烂。

○ 此道菜在炖卤的过程中，水分要完全淹盖过食材，才不会有颜色不均的现象。

处理前

处理后

Preparation✱前准备

红辣椒→洗净后去蒂头。
葱→洗净后，切长段拍松。

Ingredient✱材料

猪腩排 4 根
红曲米 30 克
姜 30 克
葱 5 根
红辣椒 1 个
卤肉卤包 1 包

Seasoning✱调味料

Ⓐ 水 800 毫升

Ⓑ 酱油 100 毫升
米酒 150 毫升
冰糖 1 大匙
白胡椒粉 1/4 小匙

Ⓒ 水淀粉 适量

红糟卤小排

Cooking Method✱做法

❶ 猪腩排放入滚水中汆烫约 1 分钟后，捞起浸泡在水中洗净，备用。

❷ 取一汤锅，加入水、卤包、红辣椒、葱段、姜及红曲米。

❸ 放入调味料 B 以大火煮滚。

❹ 放入猪腩排续煮至滚沸。

❺ 转小火烧煮约 15~20 分钟后，熄火，盖上锅盖焖泡约 30 分钟，再将猪腩排捞起盛盘。

❻ 取少许做法 5 汤锅中的酱汁，加入水淀粉拌匀成芡汁后，淋在猪腩排上面即可。

OK!

炖卤美味

○ 红曲可作为天然的色素使用，近年来红曲对于养生的保健功效也越来越受到重视。

○ 水淀粉的调制比例：淀粉:水为 1:4。

分量 4人份

处理前

处理后

Preparation✱前准备

猪五花肉→洗净后，切成约2厘米的块状。
胡萝卜→削皮后洗净，切成约2厘米滚刀块。
豆干→斜对切成三角形块状。
葱→洗净后，切长段拍松。
蒜→拍裂。

可乐红糖卤肉

Ingredient✱材料

猪五花肉 300 克
胡萝卜 100 克
豆干 4 片
葱 2 根
蒜 4 粒

Seasoning✱调味料

酱油 4 大匙
米酒 2 大匙
红糖 2 大匙
白胡椒粉 1/4 小匙
水 100 毫升
可乐 350 毫升

Decoration✱装饰材料

烫熟的西兰花 3 小朵

Cooking Method✱做法

❶ 取锅放入少许油（分量外），放入葱段以中小火爆香后，再捞除葱段。

❷ 取原锅放入猪五花肉块以小火煸炒至出油。

❸ 再放入蒜一起拌炒至香。

❹ 放入胡萝卜块及豆干块拌炒均匀。

❺ 依序放入所有调味料以大火煮滚。

❻ 转小火烧煮约 40 分钟至卤汁略收干后盛盘，再放入装饰材料即可。

分量/4人份

炖卤美味

○ 在做法 1 中先放入葱段爆香后再捞除，是为了让锅中留有葱的香味。

○ 可乐本身可加速肉质的软化，也可增加色泽的美观，但可乐本身有甜度，因此卤肉时要注意糖的添加量，以免太甜。

 处理前　　　处理后

Preparation＊前准备

鱼干→洗净后切约 2~3 厘米块状。
猪五花肉→洗净后切约 2~3 厘米块状。
姜→洗净后去皮，切成片状。
葱→洗净后，切小段。

Ingredient＊材料

鱼干 2 块
猪五花肉 350 克
葱 2 根
姜 20 克

Marinade＊腌料

酱油 1 大匙
米酒 1 大匙
白胡椒粉 1/4 小匙

Seasoning＊调味料

Ⓐ 酱油 40 毫升
　冰糖 2 大匙
　绍兴酒 3 大匙
　白胡椒粉 1/4 小匙

Ⓑ 水 300 毫升

 炖卤美味

○ 鱼干为腌渍品，因此咸度较高，在处理时泡水有两个功用：让鱼干回软及降低其咸度。因其本身就有咸度（且买到的咸度也不一），因此在烹调时需注意调味料的添加量。

Cooking Method＊做法

❶ 鱼干块泡入热水中约 30 分钟至软，捞起沥干水分，备用。

❷ 猪五花肉块加入腌料，抓拌均匀，备用。

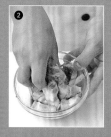

❸ 取锅放入 2 大匙油（分量外）后，再放入猪五花肉以小火炒至呈金黄色。

❹ 再放入姜片、葱白炒香。

❺ 放入鱼干略微拌炒。

❻ 放入调味料 A 拌炒均匀。

❼ 再放入调味料 B 的水量以大火煮滚。

❽ 转小火烧卤约 50 分钟后，起锅前加入葱绿即可。

OK!

鱼干烧肉

分量 / **4**人份

处理前　处理后

Preparation＊前准备

牛肋条→洗净后，切成约 2.5 厘米块状。
黄豆→洗净后，泡入水中约 1 小时后取出。
洋葱→去薄膜洗净后，切成大片。
葱→洗净后，切段。

Ingredient＊材料

牛肋条 400 克
黄豆 100 克
洋葱 1/2 个
葱 1 根

Seasoning＊调味料

Ⓐ 甜面酱 2 大匙
　　酱油 1 大匙
　　冰糖 1 大匙
　　米酒 4 大匙
　　白胡椒粉 1/4 小匙

Ⓑ 水 800 毫升

Cooking Method＊做法

❶ 牛肋条放入滚水中汆烫 1 分钟后，取出备用。

❷ 取炒锅放入 2 大匙油（分量外），再放入 3 段葱段以小火炒香后，捞除。

❸ 将洋葱片放入做法 2 的锅中以小火炒香。

❹ 放入调味料 A 拌炒。

❺ 放入牛肋块、黄豆拌炒均匀。

❻ 再放入调味料 B 的水量以大火煮至滚沸。

❼ 转小火烧煮约 50 分钟后，将剩余的葱段切成葱花，起锅前撒上葱花即可。

炖卤美味

○ 黄豆可在烹调前，先泡水备用，可大大缩短烹煮的时间。

○ 牛肋条带有筋，所以长时间卤制后，其筋的口感相当有弹性及咬劲，相当适合作为炖、卤的食材。

黄豆烧肉

分量 / **4** 人份

（处理前） （处理后）

Preparation✱前准备

梅花肉→洗净后，切成约2厘米的块状。
杏鲍菇→洗净后，切成约2厘米滚刀块。
胡萝卜→削皮后洗净，切成约2厘米滚刀块。
姜→洗净后去皮，切成片状。
葱→洗净后，切成约2厘米的小段状。
蒜→拍裂。

Ingredient✱材料

梅花肉 250 克
杏鲍菇 2 个
胡萝卜 1/3 根
姜 20 克
葱 2 根
蒜 2 粒

Seasoning✱调味料

酱油 3 大匙
红露酒 4 大匙
冰糖 2 大匙
白胡椒粉 1/4 小匙
水 400 毫升

分量/**4**人份

Cooking Method✱做法

❶ 胡萝卜块放入滚水中余烫约3分钟，捞起沥干水分，备用。

❷ 取锅放入少许油（分量外）后，放入姜片、蒜以中小火爆香。

❸ 放入梅花肉块炒至表面上色。

 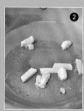 

❹ 再放入杏鲍菇及胡萝卜块略微拌炒。

❺ 依序放入所有调味料，以大火煮至滚沸。

❻ 转小火，烧煮至卤汁略微收干，起锅前放入葱段即可。

酒香
杏鲍菇卤肉

炖卤美味

○ 杏鲍菇肉质肥厚，相当适合炖卤，其口感弹牙脆嫩，可为卤肉增加不同的口感。

○ 在酒类的选择上，可选用较有香气的酒类，如红露酒或者绍兴酒都是不错的选择。

 处理前

 处理后

Preparation＊前准备

牛腱→洗净后，切成约3厘米块状。
白萝卜→削皮后洗净，切成约2.5厘米滚刀块。
胡萝卜→削皮后洗净，切成约2.5厘米滚刀块。
姜→洗净后去皮，切成片状。
葱→洗净后，切段。

川味卤牛腱

分量/4人份

Ingredient＊材料

牛腱1个（约250克）
白萝卜200克
胡萝卜100克
姜20克
葱2根
月桂叶2片
卤包1包

Seasoning＊调味料

辣豆瓣酱5大匙
酱油3大匙
冰糖3大匙
米酒100毫升
水900毫升

Decoration＊装饰材料

葱花 少许

Cooking Method＊做法

❶ 牛腱放入滚水中汆烫1分钟后，取出备用。

❷ 取锅放入2大匙油（分量外）后，放入姜片、葱段以小火爆香。

❸ 放入辣豆瓣酱以小火略炒。

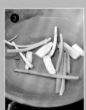

❹ 放入牛腱及胡萝卜块、白萝卜块一起以中火拌炒均匀。

❺ 再放入剩余的调味料、卤包、月桂叶煮至滚沸。

❻ 转小火烧煮约100分钟后，盛盘放上葱花即可。

炖卤美味

○ 辣豆瓣酱先以小火炒过，可以去除发酵的酸气。

○ 牛腱为腿部内层的肌肉，带有筋且含有丰富的胶，相当适合炖、卤的烹调方式，口感很有嚼劲。

Preparation ✱ 前准备

去骨鸡腿→洗净后，切成约3厘米块状。
茶树菇→洗净后，用热水泡发，再切成约3厘米长段状。
蒜→洗净后，切成约1厘米丁状。
姜→洗净削皮后，切菱形片。
红辣椒→洗净去蒂头后，切成约2厘米斜段。
蒜苗→洗净后，切成约2厘米斜段，并略微区分出蒜苗叶、蒜苗茎。

（处理前）  （处理后）

Ingredient ✱ 材料

去骨鸡腿 1 只
茶树菇 100 克
蒜 3 粒
姜 30 克
红辣椒 1 个
蒜苗 1 根

Seasoning ✱ 调味料

Ⓐ 绍兴酒 3 大匙
　 沙茶酱 3 大匙

Ⓑ 黑麻油 1 大匙
　 盐 1/2 小匙
　 水 200 毫升

Decoration ✱ 装饰材料

香菜叶 适量

Cooking Method ✱ 做法

❶ 取锅放入 2 大匙油（分量外）后，放入鸡腿块以中大火炒至呈金黄色。

❷ 放入茶树菇续炒至香。

❸ 沿着锅边淋入绍兴酒。

❹ 放入蒜、姜片、红辣椒、蒜苗茎拌炒均匀。

❺ 放入沙茶酱略炒后，再放入调味料 B 煮至滚沸。

❻ 转小火烧煮约 20 分钟，卤汁略微收干，再放入蒜苗叶略炒后盛盘，以香菜叶装饰即可。

OK!

炖卤美味

○ 加入绍兴酒时，沿着锅边淋入，可以呛出酒香味，让菜肴更有香气。

茶树菇嫩鸡

处理前

处理后

Preparation✽前准备

牛腩→洗净后，切约 2.5 厘米块状。
白萝卜→削皮后洗净，切滚刀块。
红辣椒→洗净后去蒂头。
洋葱→去薄膜洗净后，切片状。
姜→洗净后去皮，切成片状。
葱→洗净后，切长段。
蒜→切片状。

Ingredient✽材料

牛腩250克
白萝卜150克
红辣椒2个
洋葱1/2个
姜20克　　草果2颗
葱2根　　月桂叶2片
蒜4粒　　卤包1包

Seasoning✽调味料

Ⓐ 辣椒酱 3 大匙
　 酱油 80 毫升
　 米酒 50 毫升

Ⓑ 水 800 毫升

Decoration✽装饰材料

香菜叶 少许

红烧牛腩

Cooking Method✽做法

① 牛腩放入滚水中汆烫 40 秒，取出备用。

② 取锅放入 2 大匙油 (分量外) 后，放入姜片、葱段、洋葱片、蒜片、辣椒以小火爆香。

③ 放入调味料 A 炒香后，放入牛腩、白萝卜以小火拌炒均匀。

④ 加入调味料 B 的水量。

⑤ 放入卤包、月桂叶、草果续煮至滚沸。

⑥ 转小火烧煮约 70 分钟至牛腩软嫩，卤汁略收干后盛盘，以香菜叶装饰即可。

OK!

炖卤美味

○ 炖卤好的牛腩，可再放入少许的芡汁勾芡后，淋在饭上变成牛腩烩饭，或者也可加入高汤煮成牛肉面。

分量/4人份

(处理前)

(处理后)

Preparation＊前准备

梅花肉→洗净后，切成约 2~3 厘米的块状。
干鱿鱼→用剪刀剪成长条状，泡入水中约 10 分钟。
干香菇→泡入水中至软后，取出切块。
虾米→洗净后，泡入水中约 5 分钟。
姜→洗净后去皮，切成片状。
葱→洗净后，切小段。

花椒鱿鱼卤肉

Ingredient＊材料

梅花肉 300 克
干鱿鱼 1/2 只
干香菇 3 朵
虾米 10 克
姜 20 克
葱 1 根
花椒粒 2 克
干辣椒 2 克

Seasoning＊调味料

酱油 60 毫升
米酒 3 大匙
细砂糖 2 大匙
白胡椒粉 1/4 小匙
水 300 毫升

分量/**4人份**

Cooking Method＊做法

① 取锅放入少许油（分量外）后，放入姜片、花椒粒、干辣椒、葱白，用小火炒香。

② 放入梅花肉以中火炒至变色。

③ 续放入干鱿鱼、香菇及虾米炒香。

④ 放入所有调味料煮至滚沸。

⑤ 再转小火烧卤约 30 分钟至卤汁略收干，起锅前放入葱绿即可。

OK!

炖卤美味

○ 用来浸泡干香菇和虾米的水，千万别丢弃哦！它可以用来代替水的分量，将它放入锅中一起煮，会使卤肉更具鲜甜味，香味也会更佳。

○ 花椒粒用油炒香后亦可捞除，这不会影响菜肴的口感。

处理前

处理后

Preparation✽前准备

牛腩→洗净后，切成约 2.5 厘米块状。
花豆→洗净后，泡入热水中至需要做时再捞起。
姜→洗净后去皮，切成片状。
葱→洗净后，切小段。
蒜→拍裂。

Ingredient✽材料

牛腩 300 克
花豆 150 克
姜 20 克
葱 2 根
蒜 3 粒
卤包 1 包

Seasoning✽调味料

Ⓐ 豆腐乳 3 块
　米酒 60 毫升
　酱油 2 小匙
　冰糖 3 大匙

Ⓑ 水 800 毫升
　月桂叶 1 片

Cooking Method✽做法

❶ 牛腩放入滚水中氽烫 1 分钟后，取出备用。

❷ 将豆腐乳放入米酒内压成泥状，备用。

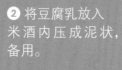

❸ 取锅放入 2 大匙油（分量外）后，放入姜片、蒜、葱白以小火爆香。

❹ 续放入牛腩、花豆拌炒均匀。

❺ 放入做法 2 的豆腐乳泥、酱油、冰糖拌匀后，移入汤锅中。

❻ 再续放入调味料 B、卤包以大火煮至滚沸。

❼ 转小火烧卤约 90 分钟至牛腩及花豆松软即可。

炖卤美味

○ 豆腐乳为发酵的腌渍品，市面上常见的有多种口味，可依个人口味选择。

腐乳花豆卤牛腩

分量 / **4**人份

37

 处理前
 处理后

牛腩→洗净后，切成约 2.5 厘米块状。
胡萝卜→削皮后洗净，切滚刀块。
土豆→洗净后削皮，切滚刀块。
洋葱→去除薄膜洗净后，切片状。
苹果→洗净后削皮，去除果核，切滚刀块。
番茄→洗净去籽后，切成约 2 厘米块状。
蒜→拍裂。

Ingredient＊材料

牛腩 300 克
胡萝卜 100 克
土豆 1 个
洋葱 1/4 个
苹果 1/2 个
番茄 1 个
蒜 3 粒

Seasoning＊调味料

柳橙汁 300 毫升
水 300 毫升
细砂糖 1 大匙
盐 1 小匙

Decoration＊装饰材料

柳橙丝 少许

果汁牛腩

Cooking Method＊做法

① 牛腩放入滚水中氽烫 40 秒后，取出备用。

② 取锅放入 2 大匙油 (分量外) 后，放入蒜、洋葱片以小火爆香。

③ 放入牛腩拌炒。

④ 放入胡萝卜块、土豆块、苹果块、番茄块后，倒入柳橙汁。

⑤ 再放入剩余的调味料煮至滚沸。

⑥ 转小火烧煮约 15 分钟即可，盛盘，再放上柳橙丝装饰。

分量 / 4 人份

   OK!

炖卤美味

○ 此道菜不需要勾芡，靠熬煮过程中食材本身的淀粉质融入汤汁，即可使汤汁浓稠。

处理前	处理后	Preparation ✻ 前准备

牛腩→洗净后，切成约 2.5 厘米块状。
胡萝卜→削皮后洗净，切滚刀块。
洋葱→去除薄膜洗净后，切片。
姜→洗净后去皮，切成片状。
葱→洗净后，切长段。

贵妃牛腩

分量/**4人份**

Ingredient ✻ 材料

牛腩 400 克
胡萝卜 1/2 个
洋葱 1/2 个
姜 20 克
葱 4 根
月桂叶 2 片
卤包 1 包

Seasoning ✻ 调味料

Ⓐ 番茄酱 6 大匙
辣豆瓣酱 3 大匙

Ⓑ 水 600 毫升
米酒 50 毫升
盐 1/2 小匙

Cooking Method ✻ 做法

① 牛腩放入滚水中氽烫 40 秒，取出备用。

② 取锅放入 2 大匙油 (分量外) 后，放入姜片、葱段及洋葱片以小火爆香。

③ 放入牛腩、胡萝卜块以中火拌炒均匀。

④ 再放入调味料 A 炒香。

⑤ 续放入调味料 B、卤包、月桂叶后，以大火煮至滚沸。

⑥ 转小火烧煮约 40 分钟，至牛腩软嫩、卤汁略收干即可。

炖卤美味

○ 调味料可在锅内与食材一同炒香，如此可去除酸气，也可使菜的色泽较为漂亮。

（处理前）　　

（处理后）　　

Preparation＊前准备

鸡腿→洗净后，剁成大块状。
豆干→斜对切成三角形状。
蛋→煮熟后，去除蛋壳。
蒜→拍裂。
葱→洗净后，切长段。
茶叶→以 120 毫升热开水泡开。

Ingredient＊材料

鸡腿 1 只
豆干 4 片
蛋 4 个
蒜 5 粒
葱 5 小根
八角 3 粒
茶叶 6 克

Seasoning＊调味料

Ⓐ 酱油 100 毫升
　 米酒 50 毫升
　 冰糖 2 大匙

Ⓑ 水 500 毫升

Cooking Method＊做法

❶ 鸡腿块放入滚水中汆烫 40 秒，取出备用。

❷ 将浸泡茶叶的茶汁取出备用。

❸ 取锅放入 2 大匙油（分量外）后，放入蒜、葱段以小火爆香。

❹ 放入鸡腿块拌炒至表面变色。

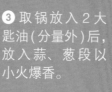

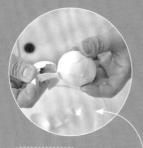

❺ 依序放入豆干、调味料 A 及做法 2 的茶汁。

❻ 再放入八角、蛋后，移入深锅中。

❼ 续放入调味料 B 的水量后，转中大火煮至滚沸。

❽ 改以小火续煮 20 分钟即可。

OK!

炖卤美味

○ 将蛋放入冷水中，以中火煮约 9~12 分钟，捞起待凉后，剥除蛋壳就是白煮蛋了；煮好的蛋放冷后再来剥壳（赶时间的话可直接冲水冷却），更易剥除蛋壳。

○ 茶叶的选用上可用半发酵的茶种，如乌龙茶等。

茶香 鸡腿

 处理前 处理后

姜→洗净后去皮，切成片状。

Ingredient*材料

带皮羊肉块 600 克
姜 40 克
药膳包 1 包

Seasoning*调味料

米酒 400 毫升
盐 2 小匙
水 700 毫升

分量/**4人份**

Cooking Method*做法

❶ 带皮羊肉块放入滚水中汆烫 30 秒后，取出沥干备用。

❷ 取电锅内锅或汤锅，放入带皮羊肉块、药膳包及所有调味料。

❸ 电锅外锅加入 4 杯水后，按下开关键，等开关跳起；汤锅则大火煮滚，转小火续煮约 100 分钟，盛出即可。

药膳羊肉

炖卤美味

○ 电锅 1 杯水约可加热 20~30 分钟。所以此道约需炖煮 2 小时以上才能让羊肉完全软嫩。

○ 药膳包可以选购带有中药材料的市售包，如药炖排骨药膳包。

处理前　→　处理后

菜花→洗净后，切小朵。
西兰花→洗净后，切小朵。
圆白菜→洗净后，切约 5 厘米块状。
杏鲍菇→洗净后，切滚刀块。
雪白菇→切除尾部后洗净，剥散。
姜→洗净后去皮，切成菱形片状。

咖喱醪糟炖菜

分量/4人份

Ingredient＊材料

菜花 100 克
西兰花 100 克
圆白菜 200 克
杏鲍菇 1 个
雪白菇 80 克
姜 20 克

Seasoning＊调味料

Ⓐ 水 300 毫升
　咖喱块 1 块
　盐 1 小匙
　细砂糖 1 小匙
　白胡椒粉 1/4 小匙

Ⓑ 醪糟 2 大匙

Cooking Method＊做法

❶ 取锅放入 2 大匙油（分量外）后，放入姜片以小火爆香。

❷ 放入所有的材料一起拌炒约 2 分钟。

❸ 再依序加入调味料 A 续煮至滚沸。

❹ 转小火烧煮到蔬菜变软，起锅前放入醪糟拌匀即可。

炖卤美味

○ 若要方便，可购买市售的咖喱块来制作，但若是使用咖喱粉制作，则可先用少许的油与咖喱粉调匀后，下锅炒香时较不易将咖喱炒至焦苦。

○ 酒酿本身带有甜味及酒香，因此在烹调时需注意调味料的添加。

○ 若买不到雪白菇，可用蟹味菇代替。

 处理前

 处理后

Preparation＊前准备

鱿鱼→去皮洗净。
姜→洗净后去皮，切成菱形片状。
蒜→切丁。
红辣椒→洗净后去蒂头，切约 2 厘米斜段。
蒜苗→洗净后，切约 2 厘米斜段。

Ingredient＊材料

鱿鱼 300 克
姜 20 克
蒜 25 克
红辣椒 2 个
蒜苗 1 根

Seasoning＊调味料

甜面酱 2 大匙
酱油 2 大匙
细砂糖 1 大匙
米酒 2 大匙
香油 1 小匙
水 300 毫升

Decoration＊装饰材料

香菜叶 少许

Cooking Method＊做法

① 鱿鱼放入滚水中氽烫 30 秒，取出沥干备用。

② 取锅放入 2 大匙油（分量外）后，放入姜片、辣椒段、蒜丁以小火爆香。

③ 放入甜面酱炒香。

④ 再加入做法 1 的鱿鱼拌炒。

⑤ 放入剩余调味料煮至滚沸。

⑥ 转小火烧煮至卤汁收干后，加入蒜苗拌匀后盛盘，以香菜叶装饰即可。

干锅烧鱿鱼

分量／**4人份**

炖卤美味

○ 市售的甜面酱咸度不一，做前要试一下味道，再来烹煮调味。

○ 甜面酱为发酵制品，带有酸气，在做法 3 炒香时，也可以再加入少许的米酒及糖一同炒香，可稍减一些酸气。

处理前

处理后

Preparation✱前准备

臭豆腐→洗净后分切成小块。
大肠头→切成约2厘米×3厘米条状。
鸭血→切成约1.5厘米厚片。
蒜苗→洗净后切斜段。
红辣椒→洗净后去蒂头，切斜段。
蒜→切小丁。
姜→洗净后去皮，切成菱形片状。

臭豆腐肥肠

分量/**4人份**

炖卤美味

○ 在做法1中先将鸭血氽烫过，可使其外形较
　为固定，不易在烧煮过程中破碎。
○ 生的大肠在处理和烹煮程序中较为繁复，建
　议购买已卤制完成的回来用即可。

Ingredient✱材料

臭豆腐 4 块
卤好的大肠头 1 条
（约 100 克）
鸭血 1 块（约 250 克）
蒜苗 1 根
红辣椒 1 个
蒜 5 粒
姜 20 克

Seasoning✱调味料

Ⓐ 甜面酱 3 大匙
　辣豆瓣酱 2 大匙
　酱油 1 大匙
　细砂糖 1 小匙
　绍兴酒 1 大匙

Ⓑ 水 400 毫升

Decoration✱装饰材料

香菜叶 少许

Cooking Method✱做法

① 鸭血放入滚水中氽烫 20 秒，取出备用。

② 取锅放入 2 大匙油（分量外）后，放入蒜
丁、红辣椒、蒜苗、姜片以小火爆香。

③ 放入调味料 A 炒香。

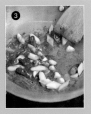

④ 放入调味料 B、臭豆腐、大肠头、鸭血，
煮至滚沸。

⑤ 转小火慢卤约 20 分钟后盛盘，以香菜叶
装饰。

（处理前） （处理后）

Preparation✱前准备

鸡翅→洗净后，从骨头关节处切开。
干香菇→放入水中泡发后，取出对切成扇形片。
蒜→拍碎。
姜→洗净后去皮，切成片状。

Ingredient✱材料

鸡翅 2 只
干香菇 3 朵
蒜 3 粒
姜 10 克
干辣椒 5 克
胡椒粒 2 克
八角 2 粒

Seasoning✱调味料

Ⓐ 酱油 60 毫升
米酒 50 毫升
镇江香醋 30 毫升
冰糖 2 大匙

Ⓑ 水 500 毫升

Cooking Method✱做法

❶ 鸡翅放入滚水中汆烫 30 秒，取出备用。

❷ 取锅放入 2 大匙油（分量外）后，放入蒜、姜片以小火爆香。

❸ 放入干辣椒、胡椒粒略拌炒。

❹ 放入香菇、鸡翅。

❺ 依序放入调味料 A 略微拌炒。

❻ 再放入调味料 B 的水量及八角以大火煮至滚沸。

❼ 转小火烧煮至卤汁略收干，鸡翅上色入味即可。

炖卤美味

- 胡椒粒的功能在于提出菜肴香气，因此用量不需过多，可依个人口味去调整。
- 干辣椒在锅中炒的时间越久，辣度会越高，不敢吃辣的也可以不要加入。

OK!

胡椒香醋卤鸡翅

分量 / **2人份**

处理前

处理后

Preparation✱前准备

土豆→削皮后洗净，切滚刀块状。
胡萝卜→削皮后洗净，切滚刀块状。
洋葱→去除外层薄膜洗净后，切片。
蒜→拍裂。

Ingredient✱材料

排骨 250 克
土豆 1 个
胡萝卜 1/3 个
洋葱 1/4 个
蒜 2 粒

Seasoning✱调味料

Ⓐ 水 500 毫升
　咖喱块 1 块
　细砂糖 1 大匙
　盐 1.5 小匙

Ⓑ 椰浆 2 大匙

Cooking Method✱做法

❶ 排骨放入滚水中汆烫 40 秒，取出备用。

❷ 胡萝卜块放入滚水中汆烫 2 分钟，取出备用。

❸ 取锅放入少许油 (分量外) 后，放入洋葱、蒜以小火炒香。

❹ 放入排骨、土豆块、胡萝卜块略拌炒均匀。

❺ 再放入调味料 A 后，以小火煮至食材松软。

❻ 起锅前加入椰浆拌匀即可。

咖喱排骨炖土豆

OK!

炖卤美味

○ 在烹煮过程中，需要经常搅拌，因为食材中含有大量的淀粉质，很容易烧焦。

分量 / **4人份**

处理前 → 处理后

Preparation＊前准备

大白菜→洗净后，切成长约5厘米的块状。
姜→洗净后去皮，切成粗丝。
葱→洗净后，切长段拍碎。
洋葱→洗净，切成细长条。
芦笋→底部刨皮后洗净，对切成长条。
柠檬→洗净后，取下柠檬皮切细丝。
百叶豆腐→用水轻轻地冲洗后，切成厚约1厘米的长方形片状。

鲑鱼头荒煮

分量／**4人份**

Ingredient＊材料

鲑鱼头 1 个（约600克）
大白菜 400 克
芦笋 80 克
百叶豆腐 150 克
魔芋丝 100 克
洋葱 100 克
姜 40 克
葱 2 根
柠檬 1/4 个

Seasoning＊调味料

Ⓐ 米酒 2 大匙
　 开水 1000 毫升
　 白胡椒粉 1 小匙

Ⓑ 橄榄油 20 毫升
　 米酒 300 毫升

Ⓒ 酱油 200 毫升
　 麦芽糖 50 克
　 水 300 毫升
　 白胡椒粉 1 小匙
　 柴鱼精 1 大匙

Ⓓ 米霖 50 毫升
　 陈醋 2 大匙

Cooking Method＊做法

❶ 将鲑鱼头放入容器中，再放入调味料A、20 克的姜丝、葱段，浸泡静置约10分钟，以去除腥味，备用。

❷ 取锅，放入调味料B的橄榄油热锅后，将洋葱、剩余的姜丝以小火炒软。

❸ 将米酒倒入，待米酒沸腾，将米酒的酒气烧除。

❹ 放入鲑鱼头以及调味料C，煮至滚沸。

❺ 再放入大白菜、芦笋，盖上锅盖以小火焖煮20分钟。

❻ 加入调味料D后，放入百叶豆腐、魔芋丝续煮15分钟，待汤汁呈略稠状态，盛盘，放上柠檬皮丝即可。

炖卤美味

○ 在加入麦芽糖之后，因为有糖分存在，请特别留意烹煮的状态，小心烧焦。

OK!

处理前

处理后

去骨鸡腿肉→洗净后切约4厘米的正方形块状。

芋头→去皮后不要洗，切约3厘米的块状。

牛蒡→刨皮洗净后，切约3厘米的长条形，再对半切成片状，放入水中浸泡。

干香菇→泡入水中至变软。

茭白笋→去壳后洗净，切滚刀块状。

红辣椒→洗净后，去除辣椒籽，再切成菱形片状。

Cooking Method✽做法

❶ 去骨鸡腿肉块拌入调味料A腌渍15分钟，备用。

❷ 芋头块放入冷水中（分量外）以中火煮至滚沸后，续煮5分钟，待芋头开始软化即可捞起，备用。

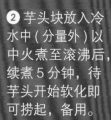

❸ 将香菇去除蒂头后，切成块状，再放回香菇水中，备用。

❹ 豌豆荚放入滚水中氽烫至熟后，取出泡入冷水，备用。

❺ 取锅，放入20毫升的橄榄油（分量外）热锅后，再放入做法1的鸡腿肉以中火略拌炒至半熟后取出，备用。

❻ 将香菇放入做法5的锅中爆香后，再放入牛蒡、茭白笋以中火拌炒。

❼ 将剩余的香菇水倒入锅内煮至滚沸。

❽ 再放入芋头块、鸡腿肉块、调味料B再次煮至滚沸后，盖上锅盖以小火煮约5分钟至卤汁略稠。

❾ 放入豌豆荚、红辣椒片，续煮2分钟拌匀后盛盘即可。

OK!

Ingredient✽材料

去骨鸡腿肉1块
（约300克）
芋头200克
牛蒡80克
干香菇3朵
茭白笋2根
豌豆荚40克
红辣椒1个

Seasoning✽调味料

Ⓐ 酱油2大匙
细砂糖2小匙
白胡椒粉1小匙

Ⓑ 酱油50毫升
细砂糖2小匙
香菇精2小匙
米霖2大匙
白胡椒粉1小匙
米酒2大匙

纤鸡筑前煮

炖卤美味

○ 浸泡香菇的水，可以放进锅中一起烹煮，这样能增加汤汁
的层次感，千万不要丢弃浪费了哦！

○ 筑前煮的食材选择，可以放入一些高纤食材，如栗子、黑
魔芋、莲藕等，热量低又健康。

分量/**4人份**

处理前  处理后

Preparation*前准备

土豆→削皮后洗净，切成约 3 厘米的滚刀块。
洋葱→去除外层薄膜洗净，切成约 2 厘米的块状。
胡萝卜→削皮后洗净，切成小块状。
草菇→洗净后，切成片状。
四季豆→去除蒂头跟丝，洗净后切约 3 厘米小段。
蒜→切成薄片。

Cooking Method*做法

❶ 取一锅冷水，放入马铃薯、胡萝卜以中火煮约 5 分钟至滚沸，再放入四季豆继续氽烫至熟，捞起备用。

❷ 取锅，放入 20 毫升的橄榄油（分量外）热锅后，放入蒜以大火炒香，再放入牛肉块煎至表面微焦后，翻面续煎至微焦后，取出放入深锅中。

❸ 再加入调味料 A 以中火煮沸后，转小火，盖上锅盖焖煮约 50 分钟，备用。

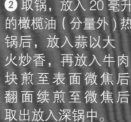

❹ 另起一锅，放入 20 毫升的橄榄油（分量外）热锅后，放入洋葱以中小火炒软。

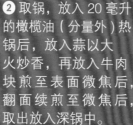

❺ 再依序放入土豆、胡萝卜、草菇炒香后，备用。

Ingredient*材料

牛肉块 300 克
土豆 300 克
洋葱 100 克
胡萝卜 100 克
草菇 7 朵
四季豆 50 克
蒜 5 粒

Seasoning*调味料

Ⓐ 开水 2000 毫升
　 牛肉卤包 1 包

Ⓑ 蚝油 2 大匙
　 大阪烧酱 2 大匙

Ⓒ 植物性奶油 10 克
　 鲜奶油 20 克

Ⓓ 面粉 40 克

❻ 另起一锅，放入面粉以微火干炒约 1 分钟，炒至面粉颜色变深、闻到香味后，倒入做法 5 的锅中拌匀。

❼ 取出倒入做法 3 的锅中，加入调味料 B 继续以小火焖煮约 30 分钟（过程中要不时搅拌以避免烧焦）。

❽ 再加入四季豆、调味料 C 拌匀后，盛盘即可。

OK!

日式土豆炖牛肉

炖卤美味

- 炖煮的蔬菜可以选择一些高纤或是耐久煮的蔬菜。
- 煎牛肉块的时候，一定要使用大火来煎，
  才能锁住牛肉肉汁，保持住鲜嫩的口感。
- 大阪烧酱在日系超市中可以购买得到。

分量/4人份

处理前

处理后

Preparation✽前准备

鲑鱼→稍冲洗后，切成约 3 厘米块状。
草虾仁→洗净。
蟹肉→洗净。
杏鲍菇→洗净后，切块状。
土豆→去皮洗净后，切成约 2 厘米块状。
西兰花→分切成数个小株后，再对半切开，
泡在盐水中 10 分钟，取出再次洗净。
洋葱→洗净后，切成约 1 厘米的丁状。
胡萝卜→削皮后洗净，切小块。

Ingredient✽材料

鲑鱼 250 克
草虾仁 150 克
蟹肉 100 克
杏鲍菇 2 朵
土豆 1 个（约 200 克）
西兰花 1 大朵
洋葱 1/2 个（约 100 克）
胡萝卜 30 克

Seasoning✽调味料

Ⓐ 无盐奶油 30 克
面粉 40 克
牛奶 350 毫升

Ⓑ 鲣鱼粉 1 大匙
干贝粉 1 大匙
细砂糖 2 小匙
水 1000 毫升

Ⓒ 黑胡椒粉 2 小匙

Cooking Method✽做法

❶ 将土豆、胡萝卜、西兰花放入滚水中氽烫后，取出备用。

❷ 取锅，放入无盐奶油以微火融化成液状，再慢慢地将面粉倒入并使用打蛋器搅拌均匀。

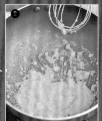

❸ 再分次将鲜奶倒入锅内，充分混合搅拌均匀至微稠状态，开始沸腾冒泡，即为白酱，熄火备用。

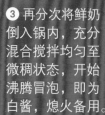

❹ 取锅，放入 20 毫升的橄榄油（分量外）热锅后，放入鲑鱼块以小火煎至两面呈金黄微焦状，取出备用。

❺ 取锅，放入 20 毫升的橄榄油（分量外）热锅后，放入洋葱以小火炒至呈透明状。

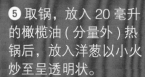

❻ 再放入土豆、杏鲍菇、胡萝卜、调味料 B，以中火煮至滚沸后，盖上锅盖，转小火焖煮 15 分钟。

❼ 将做法 3 的白酱分次倒入锅内搅拌均匀后，放入黑胡椒粉以中火煮滚。

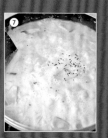

❽ 再放入草虾仁、蟹肉、煎好的鲑鱼，转小火续煮 5 分钟，待汤汁呈浓稠状后，盛盘，放入西兰花即可。

OK!

北海道海鲜炖菜

炖卤美味

○ 这道菜因为淀粉含量很高，很容易在烹煮过程中烧焦，最好能每隔 3~4 分钟就搅拌一下。

○ 食材也可以搭配其他新鲜海鲜一同烹煮，如干贝、生蚝、文蛤等都是很不错的食材选择。

分量/**4人份**

55

处理前

处理后

Preparation✱前准备

白萝卜→削皮洗净后，切块。
南瓜→去籽洗净后，切块。
莲藕→去皮后不要洗，直接切成
薄片状，浸泡在水中备用。
姜→洗净后去皮，切成片状。
葱→洗净后，切段。

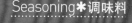

Ingredient✱材料

黑猪肉五花肉 500 克
白萝卜 200 克
南瓜 200 克
莲藕 100 克
秋葵 3 根
姜 100 克
葱 20 克

分量/**4**人份

Seasoning✱调味料

Ⓐ 酱油 300 毫升
红糖 2 大匙
米霖 50 毫升
米酒 100 毫升
开水 1500 毫升
海带 3 片

Ⓑ 橄榄油 40 毫升

冲绳风
猪肉角煮

Cooking Method✱做法

❶ 取一锅冷水，依序分边放入莲藕、南瓜、白
萝卜煮至滚沸，转小火续煮 2 分钟后，捞起南
瓜备用，再续煮 3 分钟后，捞起白萝卜，续煮
5 分钟后捞起莲藕，再放入秋葵氽烫至热，取
出泡入冷水中，备用。

❷ 取一深锅，放入一半的姜片、葱段、2000 毫
升的水（分量外），再放入五花肉，以中火煮至
滚沸后，转小火，盖上锅盖焖煮 60 分钟。

❸ 将焖煮完成的五花肉切成长宽约 5 厘米的正
方形块（厚度保留）。

❹ 取锅，放入 20 毫升的橄榄油热锅后，放入
五花肉块以小火煎至表面呈金黄色微焦状（四
个面都要煎），取出备用。

❺ 另起一锅，放入 20 毫升的橄榄油热锅后，
放入剩余的姜片以小火爆香，再放入煎好的
五花肉块、白萝卜、莲藕、调味料 A，以中
火煮沸后，转小火续煮 30 分钟。

❻ 再放入南瓜续煮 15 分钟，待汤汁呈略稠状
态后盛盘，将秋葵切半放入即可。

PART2
西式
家常卤肉炖菜
WESTERN-STYLE

西式炖卤菜的调味料和香料

西式炖卤菜的调味料大都以红酱为基底，其次是白酱。

少了这些调味料，味道就不西式了哦！除了调味料的使用之外，在炖卤菜中加入少许的香料，能使料理更具有西式风味。但是这些香料本身就具有独特且强烈的香气，因此在分量上必须酌量使用，免得抢走食材的原味。我们一起来看看，需具备哪些西式调味料和香料才能完成具有地道风味的西式炖卤菜。

注：P58~59的调味料和香料图片仅供参考，实践中可换用其他品牌。

鸡粉是提取了鲜鸡精华，是以鸡肉粉、鸡油组合而成的，可用来拌炒，具有提鲜的效果，可为菜肴增添鲜味。

鸡粉 CHICKEN POWER

鲜奶油 CREAM

鲜奶油的奶香味是做成白酱的基础食材，但如加入太多则易过于浓腥，会破坏料理的原味，此时可用高汤调合补救。以含奶量为30％以上的动物性鲜奶油较为耐煮，如果制作素食口味，则可选用植物性鲜奶油。

意大利黑醋

是用精选葡萄酿造成的红酒醋，经过橡木桶储存陈年浓缩而成，制法耗时费工，风味微酸微甜，带有酒香及水果香。

VINEGAR

番茄糊 TOMATO PASTE

可增加食物中的酸味和配色作用，让菜色口感滑顺。

白酒和红酒 SPIRIT & RED WINE

红酒和白酒皆以葡萄酿制而成，而两者的不同在于发酵过程中是否和葡萄皮一起进行发酵。红酒因含葡萄皮进行发酵故呈现出红色或紫色，而白酒因其为去皮后进行发酵，故呈现出黄色或是麦黄色，两者皆具有去腥提香作用。

俄力冈叶  OREGANO

即牛至叶，也称比萨草，属于除腥系的辛香料，味觉上给人一种略辣和苦的感觉，香味很浓。非常适合搭配蕃茄、蛋类和奶酪等材料，也适合加入羊肉、猪肉和牛肉等肉类。

迷迭香 ROSEMARY

有新鲜和干燥的两种迷迭香。具有强烈的草味，略带甘味及苦味，使用的分量不宜过多，以免抢了食材的原味。

百里香  THYMUS

是西式料理中最常见的一种香料，味道香浓强烈，一般多用于各式肉类、酱汁或汤类的烹调。

月桂叶 BAY LEAF

属于芳香系的辛香料，可用于炖煮、汤品，具有清香微甜、淡淡的独特香气。

意式综合香料

MIXED SPICY

万用香料的一种，广泛使用在西式料理上，是一种经过混合的综合香料，内含有去除鱼腥味的九层塔（罗勒）叶、牛膝草、俄力冈等香料，适合和番茄、橄榄油、蒜等一同配合使用。

黑胡椒粗粒

COARSE BLACK PEPPER

略粗的黑胡椒粒，带点辣味，用在炖肉卤菜中具有提香的效果。

 鸡高汤 的制作

Ingredient＊材料

鸡骨 1000 克
洋葱 1 个
胡萝卜 1/2 个
西芹 2 根
月桂叶 2 片
百里香 少许
水 3000 毫升

Cooking Method＊做法

❶洋葱去薄膜洗净后切大片；胡萝卜去皮洗净切块；西芹撕去表皮粗纤维后，洗净切块；备用。

❷鸡骨洗净后放入滚水中汆烫，取出再洗净。（图1）

❸取一汤锅，放入水后，再放入所有材料以中火煮至滚沸。（图2）

❹捞除浮沫，再转小火续煮1小时后，过滤出汤汁即可。（图3）

▶ 炖卤美味 ◀

○ 鸡高汤冷却后可以放入冷藏或冷冻中。而制作鸡高汤的鸡骨，最好是选用鸡胸骨来熬成高汤，避免使用鸡的大腿骨、鸡脖子来制作（会使高汤不清澈）。

○ 若想使鸡高汤更为清爽，可以等完全冷却后，去除凝固在上层的浮油。

○ 煮制高汤不要以为加愈多鸡骨架，汤就会愈好喝哦！其实反而会影响味道和加深颜色。

瑞典炖牛肉丸

分量 / 2人份

炖卤美味

○ 这道料理是以白色卤汁来炖卤牛肉丸，所以充满了浓郁的奶香味，但若不喜欢奶味的人，也可以改换成本书 P86 "红酒炖牛腩" 的酱汁来烩卤，浓醇又香的红酒味道也不错，不管是哪一种味道，这道料理拿来搭配饭或面来吃是非常棒的组合。

处理前 → 处理后

Preparation✽前准备

洋葱→洗净后，切碎。

蛋→取出蛋白，留下蛋黄。

Ingredient✽材料

牛绞肉 180 克

猪绞肉 65 克

蛋 1 个

洋葱 1/4 个

去边吐司 1/3 片

Seasoning✽调味料

Ⓐ 盐 1/2 小匙

　 白胡椒粉 少许

　 豆蔻粉 少许

Ⓑ 牛奶 适量

　 橄榄油 少许

　 低筋面粉 适量

Ⓒ 鲜奶油 150 克

　 奶油 1 大匙

　 白酒 1 大匙

　 盐 少许

Decoration✽装饰材料

法香末 少许

Cooking Method✽做法

❶ 将去边吐司放入牛奶中浸泡至软，备用。

❷ 取锅，放入橄榄油热锅后，放入洋葱碎以小火略炒至变色，取出备用。

❸ 牛绞肉、猪绞肉和调味料 A、蛋黄一起放入容器中，再放入泡软吐司，炒好洋葱碎。

❹ 用手将所有食材抓拌均匀，再取适量捏塑成丸子状。

❺ 将丸子沾裹上低筋面粉后，取油锅，放入丸子以中火油炸至呈金黄色。

❻ 倒除锅中的油，只留下少许的油量。

❼ 再加入调味料 C 煮至滚沸。

❽ 转小火续煮至卤汁呈浓稠状态，盛盘，放上法香末装饰即可。

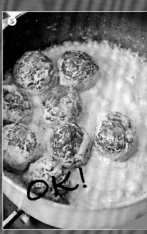

OK!

普罗旺斯炖菜

分量/2人份

炖卤美味

○ 这道料理属于配菜,所以适合搭配主菜一起食用,如牛排、鱼排、鸡排等主菜,也可以再加入切碎番茄罐头和适量的水,这样就变成意大利蔬菜汤了。

处理前	处理后

Preparation*前准备

圆白菜→洗净后，剥成小块状。
红洋葱→去除外层薄膜后洗净，切小块。
红甜椒→去籽洗净后，切小块。
青椒→去籽洗净后，切小块。
黄甜椒→去籽洗净后，切小块。
番茄→去蒂头洗净后，切丁。
胡萝卜→削去外皮洗净后，切小片。
蒜→切片状。
绿节瓜→洗净后，切小块。
茄子→洗净后，切小块。
西芹→洗净后，切小块。

Ingredient*材料

圆白菜 50 克
红洋葱 1/4 个
红甜椒 30 克
青椒 30 克
黄甜椒 30 克
番茄 1/2 个
胡萝卜 50 克
蒜 3 粒
绿节瓜 1/2 个
茄子 1/2 个
西芹 30 克

Seasoning*调味料

Ⓐ 橄榄油 1 大匙
　月桂叶 2 片
　百里香 少许
　番茄糊 1 大匙

Ⓑ 鸡高汤 100 毫升
　（做法见 P59，后文同此）
　白酒 1 大匙
　盐 1 小匙
　黑胡椒粗粒 少许

Cooking Method*做法

❶ 取锅，放入橄榄油热锅后，放入蒜片以中火炒至呈金黄色，再放入红洋葱续炒至香。

❷ 放入月桂叶、百里香续炒，再放入胡萝卜片续炒至略软。

❸ 放入绿节瓜、茄子、西芹略微拌炒后，再放入红甜椒、黄甜椒、青椒略微拌炒。

❹ 放入圆白菜续炒至软后，再放入番茄丁。

❺ 放入番茄糊拌炒均匀。

❻ 再放入调味料 B 煮至滚沸。

❼ 以小火煮至汤汁略微收干后，盛盘即可。

OK!

处理前 处理后

Preparation✽前准备

棒棒鸡腿→洗净后剁成块状，放
入腌料材料抓拌均匀。
土豆→去皮洗净，切块状。
洋葱→洗净，切块状。
草菇→洗净，切对半。

Ingredient✽材料

棒棒鸡腿 2 只
土豆 1 个
洋葱 50 克
草菇 3 朵

Marinade✽腌料

低筋面粉 2 大匙
盐 少许
白胡椒粉 少许

Seasoning✽调味料

橄榄油 2 大匙
月桂叶 2 片
白酒 2 大匙
鲜奶油 150 克
水 150 毫升
盐 少许
鸡粉 少许

Decoration✽装饰材料

汆烫过的四季豆 2 根
汆烫过的红甜椒条 2 根

白酒奶油烩鸡

分量/**2**人份

Cooking Method✽做法

❶ 取锅，放入橄榄油热锅后，放入腌好的
棒棒鸡腿块以中火略微炒至变色。

❷ 放入洋葱、月桂叶续炒至洋葱变软。

❸ 放入土豆、草菇续炒至食材变软。

❹ 放入白酒略炒。

❺ 再放入水、鲜奶油，以小火续煮至汤汁
呈浓稠状态。

❻ 放入盐、鸡粉调味后盛盘，放上装饰材
料即可。

炖卤美味

○ 炖煮完成的白酒奶油烩鸡，也可以倒入烤
碗中，然后再覆盖上 1 片酥皮，表面上再
涂抹上蛋黄液，并且用叉子略微戳出数个
细洞后，放入烤箱中以 200~220℃的烤温，
烤约 7 分钟至上色，就又是一道不同风味
和口感的料理了。

OK!

处理前　　　　处理后

Preparation＊前准备

黄甜椒→去籽后洗净，切丝。
红甜椒→去籽后洗净，切丝。
蒜→切片。
洋葱→取 70 克切成丝，剩下 25 克略微剥成大片状。
西芹→洗净后拍扁，对剖。
胡萝卜→削除外皮后，切成长方形块状。

白芸豆烩牛肚

分量／2人份

Ingredient＊材料

牛肚 250 克
白芸豆 150 克
黄甜椒 30 克
红甜椒 20 克
蒜 2 粒
洋葱 95 克
西芹 50 克
胡萝卜 60 克

Decoration＊装饰材料

氽烫过的荷兰豆 4 个

Seasoning＊调味料

Ⓐ 盐 少许
　 白酒 少许
　 月桂叶 2 片

Ⓑ 橄榄油 1 大匙
　 白酒 1 大匙
　 俄力冈叶 少许
　 盐 少许
　 鸡粉 1 小匙

Cooking Method＊做法

❶ 取一水锅，放入牛肚、西芹、洋葱片、胡萝卜和调味料 A 后，以大火煮至滚沸，盖锅盖后转小火续煮至牛肚变软后，取出切成条状，备用，牛肚汤汁也留着备用。

❷ 取锅，放入调味料 B 的橄榄油热锅后，放入蒜片以中火炒至呈金黄色，再放入洋葱丝、红甜椒丝、黄甜椒丝续炒至香。

❸ 放入白芸豆略微拌炒后，再放入调味料 B 的白酒和俄力冈叶拌炒。

❹ 取做法 1 的 200 毫升牛肚汤汁倒入后，煮至滚沸。

❺ 放入牛肚转小火续煮约 10 分钟至入味，再放入盐、鸡粉调味后，盛盘，放上荷兰豆装饰即可。

❶ ❷ ❸ ❹ ❺

OK!

马赛海鲜炖煮

分量 / **2人份**

炖卤美味

○ 这道料理可以搭配法国面包一起食用，另外，因为孕妇不宜食用番红花，所以不适合食用本道料理。

○ 在做法 8 中将九层塔切碎后放入，呈现出来的味道会较温和，若喜欢九层塔特有香味的人，可以不用切碎就直接放入整叶的九层塔，这样整道料理的味道较为鲜明。

处理前　　　处理后

Preparation✲前准备

金线鱼→洗净后切成大块状，并将鱼尾切除。
墨鱼→洗净后切成大块状。
蒜→切片。
九层塔→洗净后切小碎状。

Ingredient✲材料

金线鱼 1 尾
墨鱼 1/2 尾
蒜 5 粒
蛤蜊 6 个
草虾 2 只
九层塔 4 片

Seasoning✲调味料

Ⓐ 盐 少许
　 低筋面粉 1 大匙

Ⓑ 橄榄油 1 大匙
　 番茄糊 1 小匙
　 白酒 2 大匙
　 切碎番茄罐头 250 克
　 意式综合香料 少许
　 番红花 少许
　 鸡高汤 50 毫升

Ⓒ 盐 少许

Decoration✲装饰材料

九层塔 2 叶

Cooking Method✲做法

❶ 鱼块抹上调味料 A 中的盐后，再沾裹上低筋面粉（鱼的两面皆要沾粉），放入锅中以中火煎至呈金黄色，取出备用。

❷ 锅中放入橄榄油热锅后，放入蒜片以中火炒至呈金黄色。

❸ 放入蛤蜊、墨鱼、草虾后，以大火快炒 1 分钟。

❹ 放入番茄糊拌炒均匀。

❺ 倒入白酒。

❻ 再放入剩余的调味料 B 和做法 1 的鱼块，煮至滚沸。

❼ 转小火续煮约 10~15 分钟至入味后，放入调味料 C 的盐调味。

❽ 再放入九层塔碎略拌均匀后，盛盘，放入装饰材料即可。

OK!

白酒炖猪脚

分量/**2**人份

炖卤美味

○ 在做法 6 焖煮猪脚时，最好能每隔 5 分钟就去翻动一下猪脚，这样能使猪脚和菜充分均匀入味。

○ 这道料理是让猪脚和酸菜一起煮，所以猪脚会带点酸菜的味道，若习惯将猪脚和酸菜分别来食用的人，可以先将猪脚煮过之后再放入烤箱中去烘烤或者单独炖卤，食用时再搭配酸菜享用即可。

处理前	处理后

Preparation✱前准备

培根→切丝。
圆白菜→洗净，切丝。
洋葱→去除外层薄膜后洗净，切丝。
德式香肠→对切。

Ingredient✱材料

猪脚 650 克
培根 1 片
圆白菜 300 克
洋葱 1/4 个
德式香肠 2 根

Ingredient✱煮猪脚的材料

洋葱 1/2 个
胡萝卜 1/3 个
月桂叶 2 片
西芹 50 克
水 1200 毫升
黑胡椒粗粒 1 大匙
盐 1 小匙

Seasoning✱调味料

橄榄油 2 大匙
月桂叶 2 片
白酒 1 大匙
白酒醋 50 毫升
细砂糖 1 小匙
盐 1 小匙

Decoration✱装饰材料

香菜 少许

Cooking Method✱做法

❶ 取煮猪脚材料中的洋葱、胡萝卜、西芹，分别洗净后皆切成片状，再和剩余的材料、猪脚一起放入深锅中煮至滚沸后，盖锅盖转小火煮约 70~90 分钟，取出猪脚备用，高汤留着备用。

❷ 取锅，放入橄榄油热锅后，放入洋葱丝、月桂叶以中火炒香。

❸ 放入培根略微拌炒。

❹ 放入圆白菜丝、白酒醋拌炒均匀，即为酸菜。

❺ 放入做法 1 的猪脚及取其约 200 毫升的高汤后，再放入白酒、香肠，以大火煮至滚沸。

❻ 转小火，盖上锅盖焖煮 30 分钟后，放入细砂糖、盐调味。

❼ 待卤汁略微收干后，盛盘，放上香菜装饰即可。

OK!

家乡炖咖喱羊肋

分量／**2**人份

 处理前 处理后

Preparation✱前准备

羊肋条→均匀沾裹上低筋面粉
（分量外）。
苹果→洗净去核后，切小块。
洋葱→去除外层薄膜后洗净，切块。
茄子→洗净后，切滚刀块。

Ingredient✱材料

羊肋条 250 克
葡萄干 2 大匙
苹果 1 个
洋葱 1/4 个
茄子 30 克

Seasoning✱调味料

奶油 3 大匙
咖喱粉 2 大匙
白酒 2 大匙
鸡高汤 100 毫升
盐 1 小匙
细砂糖 少许

Decoration✱装饰材料

炸过的苹果丝 少许
葡萄干 少许
酸奶 适量

炖卤美味

○ 这道菜选用的葡萄干是甜度较低的天然干燥葡萄干，而不是那种当做零嘴来吃的甜葡萄干，这样才不会使这道料理过于甜腻。

Cooking Method✱做法

① 锅中放入 2 大匙奶油热锅后，放入羊肋条以大火炒至呈金黄色，取出备用。

② 锅中再放入 1 大匙奶油热锅后，放入苹果块、茄子块，以大火快炒 2 分钟，取出备用。

③ 取原锅，再放入洋葱块以中火拌炒至香。

④ 放入咖喱粉拌炒至香。

⑤ 放入白酒略煮 30 秒。

⑥ 放入鸡高汤、做法 1 的羊肋条、盐和细砂糖调味，转小火续煮约 20 分钟。

⑦ 再放入做法 2 的苹果块、茄子块及葡萄干续煮约 5 分钟。

⑧ 煮至卤汁略微收干后，盛盘，放入装饰材料即可。

OK!

匈牙利炖牛肉

分量 / 2人份

处理前　　 处理后

Preparation✱前准备

牛板腱→洗净后切成块状，加入腌
料材料抓拌均匀。
洋葱→洗净，切成小块状。
土豆→去皮洗净后，切滚刀块。

Ingredient✱材料

牛板腱 2 块（约 200 克）
洋葱 1/4 个
土豆 1 个

Marinade✱腌料

匈牙利红椒粉 1 大匙
低筋面粉 2 大匙
盐 少许
黑胡椒粗粒 少许

Seasoning✱调味料

橄榄油 1 大匙
月桂叶 2 片
小茴香 1/2 小匙
番茄糊 1 大匙
红酒 2 大匙
水 300 毫升

Decoration✱装饰材料

烫熟的西兰花 3 朵

Cooking Method✱做法

❶ 取锅，放入橄
榄油热锅后，放
入腌好的牛板腱
肉以中火略微炒
至变色。

❷ 再放入月桂叶、
小茴香、洋葱块，
续炒至洋葱变软。

❸ 放入番茄糊炒
拌均匀。

❹ 放入红酒后
略拌炒。

❺ 再放入水煮
至滚沸后，盖上
锅盖，转小火焖
煮 15 分钟后，
再放入土豆续煮
15 分钟。

❻ 待汤汁呈略
稠状态，盛盘，
放上西兰花装饰
即可。

炖卤美味

○ 炖牛肉的食材除了可以选择牛板腱之外，也可以选择沙朗
　牛肉、牛腩或菲力牛肉来炖煮，但是如果选择菲力牛肉的话，
　因为肉质较软嫩则炖煮的时间可以再缩减 1/3。

○ 此道料理可以搭配饭或面一起吃，而喜欢酒味较重的人，
　红酒的分量可以再自行增加。

 （处理前） （处理后）

Preparation✱前准备

羊肋条→均匀沾裹上低筋面粉（分量外）。
洋葱→去除外层薄膜后洗净，切块。
番茄→洗净后去除蒂头，切块。
西芹→洗净后，切块。

Ingredient✱材料

羊肋条 200 克
洋葱 1/4 个
番茄 1 个
扁豆 30 克
蒜 5 粒
西芹 25 克

Seasoning✱调味料

Ⓐ 白酒 100 毫升
　鸡高汤 100 毫升
　百里香 3 克

Ⓑ 盐 1 小匙
　黑胡椒粗粒 1 小匙
　鸡粉 1 大匙

Decoration✱装饰材料

汆烫过的秋葵 3 根

Cooking Method✱做法

❶ 取锅，放入 2 大匙橄榄油（分量外）热锅后，放入羊肋条以大火炒至呈金黄色，取出备用。

❷ 取锅，放入 1 大匙橄榄油（分量外）热锅后，放入蒜、洋葱块以中火炒至变色。

❸ 放入西芹拌炒均匀。

❹ 再放入白酒略微拌炒。

❺ 续放入剩余的调味料 A、扁豆、番茄块、羊肋条以中火煮约 30 分钟后，再放入调味料 B 调味，盛盘，放上装饰材料即可。

英格兰炖羊肉

分量／**2 人份**

炖卤美味

○ 羊肋条可替换成火锅羊肉片，羊肉片一样需要用低筋面粉来抓拌，但是高汤、白酒的分量就需要减半，连同炖煮的时间也可以再缩减，其他的蔬菜材料就改成切丝状态。

 处理前

 处理后

Preparation＊前准备

蒜→切碎。
红辣椒→洗净后去除蒂头，切圈。
九层塔→洗净，切碎。
洋葱→切碎。
番茄→洗净后去除蒂头，切小丁。

白酒番茄炖贻贝

Ingredient＊材料

淡菜 8 个
蒜 3 粒
红辣椒 1 个
九层塔 9 片
洋葱 2 片
番茄 1 个

Seasoning＊调味料

橄榄油 2 大匙
白酒 2 大匙
鸡高汤 100 毫升
盐 少许
黑胡椒粗粒 1 小匙

Cooking Method＊做法

❶ 取锅，放入适量的水（分量外）和少许的白酒（分量外）后，放入淡菜汆烫约 1 分钟，取出备用。

❷ 取锅，放入橄榄油热锅后，放入蒜碎以中火炒至呈金黄色，放入洋葱碎续炒至香，再放入红辣椒略微拌炒。

❸ 放入番茄丁略微拌炒。

❹ 放入淡菜，再放入白酒。

❺ 续放入鸡高汤、盐、黑胡椒粗粒调味后，以中火煮至汤汁略微收干。

❻ 再放入九层塔碎略炒后，盛盘即可。

炖卤美味

 分量／**2 人份**

○ 淡菜是贻贝的干制品，又名壳菜。材料中的淡菜也可以用蛤蜊或者其他的海鲜贝类来取代。

OK!

普罗旺斯炖鸡

o 如果买到的是大鸡腿的话，就需要先沿着鸡腿骨头的侧边划刀，然后再把鸡腿肉和骨头掀开，这样放下去炖煮的时候较易入味。

分量/**2人份**

 处理前

 处理后

Preparation❋前准备

红洋葱→洗净后切小块。
草菇→洗净后切对半。
西芹→洗净后切小块。

Ingredient❋材料

鸡腿 1 只
红洋葱 1/4 个
草菇 5 朵
西芹 40 克

Seaoning❋调味料

Ⓐ 橄榄油 1 大匙
　番茄糊 1 大匙
　红酒 100 毫升

Ⓑ 鸡高汤 250 毫升
　黑胡椒粗粒 少许
　意式综合香料 1 小匙
　月桂叶 2 片

Ⓒ 盐 1 小匙

Decoration❋装饰材料

氽烫过的荷兰豆 3 个
意式综合香料 少许

Cooking Method❋做法

❶ 取锅，放入橄榄油热锅后，放入鸡腿以中火煎至呈金黄色，取出备用。

❷ 取原锅，放入红洋葱以大火炒香。

❸ 放入草菇略微拌炒。

❹ 再放入西芹续炒至香。

❺ 放入番茄糊拌炒均匀后，再放入红酒略煮。

❻ 放入做法 1 的鸡腿、调味料 B 续煮至滚沸。

❼ 转小火煮至卤汁略微收干后，放入盐调味，盛盘，放上装饰材料即可。

希式柠檬炖肉

分量 / **2**人份

处理前

处理后

Preparation✻前准备

沙朗牛肉→洗净后切大块。
番茄→洗净后去蒂头，切丁。
黄甜椒→洗净后切小块。
柠檬→挤出柠檬汁。
白萝卜→削去外皮后洗净，切小块。
洋葱→切丁。

Ingredient✻材料

沙朗牛肉 300 克
番茄 1 个
黄甜椒 25 克
柠檬 1 个
白萝卜 100 克
蒜 3 粒
洋葱 20 克

Seasoning✻调味料

Ⓐ 盐 少许
　黑胡椒粗粒 少许

Ⓑ 伏特加 1 大匙
　鸡高汤 250 毫升
　盐 少许
　鸡粉 1 小匙
　干燥法香 1 小匙

Decoration✻装饰材料

炸过的青椒丁 少许

Cooking Method✻做法

❶ 牛肉块用调味料 A 抓拌均匀后，取锅，放入 2 大匙橄榄油（分量外）热锅，再放入牛肉块以大火炒至呈金黄色，取出备用。

❷ 取原锅，放入 1 大匙橄榄油（分量外）热锅后，放入蒜以中火炒至呈金黄色。

❸ 放入洋葱块拌炒至香。

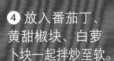

❹ 放入番茄丁、黄甜椒块、白萝卜块一起拌炒至软。

❺ 放入做法 1 的牛肉块略微拌炒。

❻ 放入伏特加后略微拌炒。

❼ 再放入柠檬汁、鸡高汤续煮至滚沸。

❽ 转小火续煮约 20 分钟至汤汁略微收干，加入盐、鸡粉调味后，放入干燥的法香拌匀，盛盘后放上装饰材料即可。

OK!

炖卤美味

○ 柠檬汁也可以选用白酒醋来替代，要吃的时候再挤入些许的柠檬汁提香即可。

黑豆炖海鱼

分量 / **2人份**

（处理前）

（处理后）

Preparation✽前准备
海鱼→洗净后，斜切划刀。
洋葱→切碎。
西芹→切碎。
番茄→切丁。
蒜→切碎。

Ingredient✽材料

海鱼 1 尾
黑豆 45 克
洋葱 2 片
西芹 10 克
番茄 40 克
蒜 3 粒

Seasoning✽调味料

月桂叶 2 片
俄力冈叶 少许
白酒 50 毫升
鸡高汤 250 毫升
盐 1 小匙

炖卤美味

◯ 如果将鱼切成大块状，而其他材料也同样切成块状，再将白酒和鸡高汤的分量加倍，最后再一同下去炖煮，就会变成海鱼炖汤哦！

Cooking Method✽做法

❶ 取锅，放入 1 大匙橄榄油（分量外）热锅后，放入蒜碎以小火炒至呈金黄色。

❷ 放入洋葱碎续炒至香。

❸ 放入西芹、番茄丁略微拌炒。

❹ 续放入黑豆拌炒。

❺ 再放入海鱼、所有的调味料煮至滚沸后，盖上锅盖，以小火煮约 10 分钟，将鱼翻面再继续炖煮 10 分钟后，盛盘即可。

OK!

法式甘蓝菜卷

分量 / **2**人份

炖卤美味

○ 用来包卷肉丸的圆白菜叶，经过氽烫后叶片会变得较软，但是叶梗部分仍旧会有点硬硬的，包卷时一不小心就会让叶片破裂，因此需要将叶梗去除后才能用来包卷肉丸。

○ 在做法 7 中使用电锅来蒸菜卷，是为了让菜卷能够定型，这样放入小锅中煮时，一定要使用最小火，而且不能让汤汁沸腾，否则菜卷中的肉丸会松散开来。

处理前

处理后

Preparation✱前准备

培根→切碎。
鲜香菇→洗净后切碎。
胡萝卜→削除外皮后洗净，切碎。
洋葱→切碎。
法香→洗净后切碎。

Ingredient✱材料

圆白菜叶 6 叶
牛绞肉 120 克
猪绞肉 15 克
培根 20 克
鲜香菇 1 朵
胡萝卜 10 克
洋葱 10 克
法香 5 克

Seasoning✱调味料

Ⓐ 牛奶 2 大匙
　胡椒粉 少许
　意式综合香料 少许

Ⓑ 鸡高汤 适量

Decoration✱装饰材料

法香 少许

Cooking Method✱做法

❶ 将所有的材料 (除圆白菜叶外) 放入容器中，再用手抓拌均匀。

❷ 放入调味料 A 拌匀后，用手摔打成团，再均分捏塑成 3 份肉丸状，备用。

❸ 将圆白菜叶放入滚水中氽烫至熟后取出，再去除掉叶梗部分。

❹ 将保鲜膜铺放在盘中后，取 2 片圆白菜叶放入。

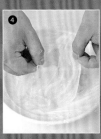

❺ 放入 1 份肉丸后，用圆白菜包卷。

❻ 用保鲜膜包卷固定成球状，并将其余 2 份依序完成后，将菜卷放入电锅中。

❼ 外锅加入 1 杯水，按下加热键，待加热完成后，取出菜卷。

❽ 将菜卷、鸡高汤 (高汤要能淹过菜卷) 放入小锅中，以最小火煮至汤汁约剩下 1/2 后，盛盘，放上法香装饰即可。

OK!

罗宋炖牛肉

分量/**2人份**

炖卤美味

○ 如果将材料统统切成片状，然后再多加入一些水，将肉片不用炒直接放下去一起熬煮（沙朗牛肉也可以选用一般的牛肉片来替代），再加入番茄，并且在调味时不要放入酸奶，就是一道富于变化的罗宋汤了。

 处理前
 处理后

Preparation✱前准备

沙朗牛肉→洗净后切成大块，放入腌料材料抓拌均匀。
圆白菜→洗净，切小块状。
洋葱→洗净，切小块状。
胡萝卜→削皮后洗净，切小块状。
西芹→洗净，切小块状。
酸黄瓜→切薄片。

Ingredient✱材料

沙朗牛肉 2 块
（约 200 克）
圆白菜 3 片
洋葱 1/4 个
胡萝卜 30 克
西芹 30 克
酸黄瓜 20 克

Marinade✱腌料

低筋面粉 1 大匙
盐 1/4 小匙
白胡椒粉 少许

Seasoning✱调味料

奶油 1 大匙
月桂叶 2 片
番茄糊 1 大匙
白酒 2 大匙
水 250 毫升
盐 少许
鸡粉 少许
酸奶 1 大匙

Decoration✱装饰材料

法香碎 少许

Cooking Method✱做法

❶ 取锅，放入奶油热锅后，放入腌好的沙朗牛肉块以中火略微炒至变色。

❷ 放入洋葱、月桂叶续炒至洋葱变软。

❸ 再放入胡萝卜、西芹、圆白菜续炒至食材变软。

❹ 放入番茄糊拌炒均匀。

❺ 放入白酒略炒。

❻ 再放入水、酸黄瓜后，以中火续煮30分钟至牛肉变软嫩。

❼ 放入盐、鸡粉调味后盛盘。

OK!

❽ 再放入酸奶，放上法香碎装饰即可。

 处理前 处理后

Preparation✱前准备

牛腩→洗净，切成约3厘米的块状。
洋葱→洗净，切成小块状。
胡萝卜→削皮后洗净，切成片状。
鲜香菇→洗净后，切成片状。
蒜→切成薄片状。

Ingredient✱材料

牛腩 300 克
洋葱 40 克
胡萝卜 60 克
鲜香菇 2 朵
蒜 2 粒

Seasoning✱调味料

橄榄油 2 大匙
月桂叶 2 片
番茄糊 2 大匙
低筋面粉 2 大匙
红酒 200 毫升
水 150 毫升
盐 1 小匙
鸡粉 2 小匙

Decoration✱装饰材料

氽烫过的甜豆 适量

红酒炖牛腩

分量／**2**人份

Cooking Method✱做法

❶ 将牛腩加入少许盐(分量外)抓拌均匀后，取锅，放入橄榄油热锅，再放入牛腩炒至略微上色。

❷ 放入洋葱块、蒜片、月桂叶拌炒，再放入胡萝卜片、香菇续炒至香。

❸ 加入番茄糊、低筋面粉拌炒均匀。

❹ 放入红酒煮至滚沸。

❺ 再放入水续煮至滚沸。

❻ 放入盐、鸡粉调味后盛盘，放上甜豆装饰即可。

炖卤美味

○ 可再加入土豆一起炖煮，口感更佳。

处理前　处理后

Preparation＊前准备

棒棒鸡腿→洗净后从中间处剖开切成大片状，再放入腌料材料抓拌均匀。
番茄→洗净后去蒂头，切成小丁状。
西芹→洗净后，切成小丁状。
蒜→切成细碎。
黑橄榄→切成小圈状。

猎人式番茄炖鸡

分量/2人份

炖卤美味

- 番茄糊也可以用切碎番茄罐头或浓缩番茄来替代。
- 猎人式的传统做法是在材料中加入橄榄（红橄榄或黑橄榄），还有香料（如迷迭香、百里香、小茴香）和番茄，且材料以切成大块状居多。

Ingredient＊材料

棒棒鸡腿 2 只
番茄 1 个
西芹 30 克
蒜 3 粒
黑橄榄 8 粒

Decoration＊装饰材料

余烫过的青椒丁 少许

Marinade＊腌料

低筋面粉 2 大匙
盐 1 小匙
白胡椒粉 少许

Seasoning＊调味料

迷迭香 少许
番茄糊 1 大匙
白酒 1 大匙
水 适量
盐 少许
鸡粉 2 小匙

Cooking Method＊做法

❶ 取锅，放入 1 大匙橄榄油（分量外）热锅后，放入腌好的棒棒鸡腿以中火煎至呈金黄色，取出备用。

❷ 取原锅，再放入 1 大匙橄榄油（分量外）热锅后，放入蒜碎、迷迭香以小火炒香。

❸ 放入西芹略炒后，再放入番茄糊炒匀，再倒入白酒略炒至酒香味出来

❹ 放入黑橄榄、番茄丁拌炒均匀。

❺ 再放入做法 1 的棒棒鸡腿及能淹盖过鸡腿的水量。

❻ 以小火煮约 25 分钟至鸡腿入味，再加入盐和鸡粉调味后，盛盘，放入青椒丁装饰即可。

OK!

红酒炖羊膝

分量 / **2**人份

炖卤美味

- 如果不想炖卤整只的羊膝，可以把羊膝去骨切块或者
  剁成厚片状放下去卤，这样可以缩减炖卤的时间。
- 在做法 2 中将炸好的蒜塞入羊膝中，是为了能增加
  入味的效果，同时也能去腥。

 处理前　　 处理后

Preparation✱前准备

羊膝→洗净后，用刀子略微戳洞。
番茄→洗净后去蒂头，切块。
洋葱→去除外层薄膜后洗净，切块状。
蒜→取 3 粒切成片状。
草菇→洗净，切对半。

Ingredient✱材料

羊膝 1 只（约 330 克）
番茄 1 个
洋葱 1/4 个
蒜 7 粒
草菇 3 朵

Seasoning✱调味料

Ⓐ 番茄糊 1 大匙
　水 150 毫升
　红酒 50 毫升
　芥末酱 1 小匙
　意大利黑醋 1 大匙

Ⓑ 低筋面粉 2 大匙
　盐 1/4 小匙
　白胡椒粉 少许

Decoration✱装饰材料

炸过的法香 少许

Cooking Method✱做法

❶ 锅中放入能淹至蒜 1/2 分量的橄榄油（分量外）热锅后，放入 4 粒蒜以中火油炸至呈金黄色，取出。

❷ 将油炸过的蒜塞入已戳洞的羊膝中。

❸ 再将羊膝均匀沾裹上低筋面粉后，放入锅中以中火将羊膝半煎炸至上色，取出备用。

❹ 取锅，放入 2 大匙橄榄油（分量外）热锅后，放入洋葱块、蒜片以中火炒香。

❺ 放入番茄糊拌炒均匀。

❻ 再放入剩余的调味料 A、羊膝、番茄、草菇煮至滚沸。

❼ 盖上锅盖以小火焖煮约 60 分钟至入味，放入盐、白胡椒粉调味后，盛盘，放上装饰材料即可。

米兰式炖里脊

分量 / **2人份**

炖卤美味

○ 如果买到的大里脊肉片是带有相当厚度的肉片时，就必须先用肉槌略微敲打并且断筋后再来烹调，这样吃起来的口感较佳。

处理前　　　处理后

Preparation＊前准备

大里脊肉→洗净后切成 4 片，再沾裹上薄薄一层低筋面粉（分量外）。
红甜椒→去籽后洗净，切小丁。
西芹→洗净后，切末。
胡萝卜→削除外皮后洗净，切末。
蒜→切碎。
洋葱→洗净后，切末。

Ingredient＊材料

大里脊肉 200 克
红甜椒 20 克
西芹 20 克
胡萝卜 20 克
蒜 3 粒
洋葱 30 克

Seasoning＊调味料

Ⓐ 切碎番茄罐头 200 克
　 番茄糊 1 小匙
　 白酒 1 大匙
　 鸡高汤 50 毫升

Ⓑ 意式综合香料 3 克
　 黑胡椒粗粒 少许
　 盐 1/4 小匙

Decoration＊装饰材料

烫熟的西兰花 3 小朵

Cooking Method＊做法

❶ 取锅，放入 1 大匙橄榄油（分量外）热锅后，放入大里脊肉片以中火煎至两面呈金黄色，取出备用。

❷ 取原锅，放入 1 大匙橄榄油（分量外）热锅后，放入蒜碎以中火炒香。

❸ 放入洋葱末、意式综合香料略微拌炒。

❹ 再放入胡萝卜末、西芹末拌炒至软。

❺ 放入调味料 A，煮至滚沸后，再放入红甜椒丁续煮。

❻ 再放入做法 1 的大里脊肉片、黑胡椒粗粒、盐调味，煮至汤汁略微收干后盛盘，放上西兰花装饰即可。

OK!

西班牙炖肉

分量 / **2人份**

炖卤美味

○ 不喜欢迷迭香味道的人，可以改用小茴香或者八角、豆蔻来替换，就会呈现出不同香气的炖卤菜。

处理前 　　　　处理后

Preparation*前准备

猪五花肉→洗净后切小块。
土豆→去皮洗净后，切小块。
洋葱→切小块。
蒜→切碎。
葱→洗净后切小段。
鲜香菇→洗净后切丁。
法香→洗净后略微切碎。

Ingredient*材料

猪五花肉 200 克
土豆 1 个
洋葱 2 片
蒜 3 粒
葱 2 根
鲜香菇 2 朵
法香 20 克

Seasoning*调味料

Ⓐ 切碎番茄罐头 150 克
　 红酒 1 大匙
　 迷迭香 少许
　 鸡高汤 50 毫升

Ⓑ 盐 少许

Decoration*装饰材料

葱丝 适量

Cooking Method*做法

❶ 取锅，放入 1 大匙橄榄油（分量外）热锅后，放入猪五花肉块以大火煎至呈金黄色。

❷ 放入洋葱块拌炒至软。

❸ 放入蒜碎、葱段略微拌炒。

❹ 再放入鲜香菇拌炒至香。

❺ 续放入土豆块拌炒后，放入调味料 A 续煮至滚沸。

❻-1 再放入盐调味后，放入法香碎续煮至汤汁略微收干后，盛盘，放上葱丝装饰即可。

图书在版编目（CIP）数据

卤肉炖菜超简单 / 洪明照，李健荣，蔡政勋著. ——
南京：江苏美术出版社，2012.10
（健康事典）
ISBN 978-7-5344-5009-9

I.①卤… Ⅱ.①洪…②李…③蔡… Ⅲ.①荤菜–
菜谱 Ⅳ.①TS972.125

中国版本图书馆CIP数据核字（2012）第218983号

出 品 人　周海歌

责任编辑　张冬霞
装帧设计　陈　辉
责任监印　朱晓燕

书　　　名　卤肉炖菜超简单
著　　　者　洪明照　李健荣　蔡政勋
出版发行　凤凰出版传媒集团（南京市湖南路1号A楼　邮编：210009）
　　　　　　凤凰出版传媒股份有限公司
　　　　　　江苏美术出版社（南京市中央路165号　邮编：210009）
　　　　　　北京凤凰千高原文化传播有限公司
集团网址　http://www.ppm.cn
出版社网址　http://www.jsmscbs.com.cn
经　　销　全国新华书店
印　　刷　深圳市彩之欣印刷有限公司
开　　本　787×1092　1/16
印　　张　6
版　　次　2012年10月第1版　2012年10月第1次印刷
标准书号　ISBN 978-7-5344-5009-9
定　　价　19.80元

营销部电话　010-64215835　64216532

江苏美术出版社图书凡印装错误可向承印厂调换　电话：010-64216532

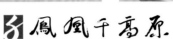

征稿 Contribution Invited

也许您是热爱烹饪美食、追寻美食文化的实践者，也许您是醉心于家居生活、情趣手工的小行家，也许您正好愿意把自己热爱与醉心之事诉诸于笔端、跃然于纸上，和您的每一位读者或粉丝分享，那么，我们非常希望给您提供一方"用武之地"，将您的创意、您的文字或图片以图书形式完美体现。想象一下吧，也许您的加入正是我们携手为读者打造好书的契机，正是我们互相持续带给对方惊喜的源头，那您还犹豫什么呢？快联络我们吧！

凤凰出版传媒集团　江苏美术出版社

北京凤凰千高原文化传播有限公司

地址：北京市朝阳区东土城路甲六号金泰五环写字楼五层

邮政编码：100013

电话：（010）64219772-4

传真：（010）64219381

QQ：67125181

E-mail：bifhqgy@126.com

您的资料（请清楚填写以方便我们寄书讯给您）

姓名：_____ 性别：□男 □女 生日：_____

职业：_____ E-mail：_____

地址：_____

_____

电话：_____

读 者 回 函

感谢您购买本出版社出版图书，为了更贴近读者的阅读需求，出版您喜欢的图书，在此烦请您详细填写回函，我们将不定时为您提供最新出版信息及优惠活动通知。如果您需要问卷的电子版或您有任何宝贵的建议，欢迎您通过我们的官方微博http://e.weibo.com/qiangaoyuan和邮箱bjfhqgy@126.com联络我们，您的肯定与鼓励，将使我们更加努力！

您购买了 **卤肉炖菜超简单**

1. 您在什么地方看到了这本书的信息？
   □ 便利商店_____ □ 逛书店时 □ 朋友推荐
   □ 网络书店（哪家网站：_____）□ 看报纸（哪家报纸：_____）
   □ 听广播（哪个好电台：_____）□ 看电视（哪个好节目：_____）
   □ 其他_____

2. 这本书什么地方吸引了您，让您愿意掏钱来买呢？（可复选）
   □ 主题刚好是您需要的 □ 您是我们的忠实读者 □ 有材料照片
   □ 有烹调过程图 □ 书中好多菜是您想学的 □ 除了菜肴做法还有许多实用资料 □ 照片拍得很漂亮
   □ 您喜欢这本书的版式风格设计 □ 其他

3. 您照着本书的配方试做之后，烹调的结果如何呢？
   □ 还没有时间下厨 □ 描述详细能完全照着做出来
   □ 有的地方不够清楚，例如_____
   □ 很好吃，您最喜欢的菜是_____
   □ 不是您喜欢的味道，这些菜是_____

4. 何种主题的烹调食谱书，是您想要在便利商店买到的？
   □ 省钱料理，1道菜大约花_____元 □ 快速上菜，1道菜大约花_____分钟
   □ 吃了会健康 □ 吃了变漂亮 □ 好吃又能瘦 □ 季节性料理
   □ 简单制作的点心，例如_____
   □ 单一主题料理，例如_____
   □ 其他我们没有为您想到的，例如_____

5. 下列主题哪些是您很有兴趣购买的呢？（可复选）
   □中式家常菜 □地方菜（如川菜、上海菜） □西餐 □日本料理 □电锅菜 □小火锅 □烹调秘笈
   □咖啡 □烘焙 □小朋友营养饮食
   □减肥食谱 □美肤瘦脸食谱 □其他，主题如_____
   _____

6. 如果作者是知名老师或饭店主厨，或是有名人推荐，会让您更想购买吗？
   □ 会，哪一位对您有吸引力_____
   □ 不会，因为您更重视的是_____

7. 您认为本书还有什么不足之处？如果您对本书或本出版社有任何建议或意见，请一定告诉我们，我们会努力做得更好！
   _____